PROMENADES

D'UN MAITRE D'ÉCOLE

AVEC SES ÉLÈVES.

PROMENADES

D'UN

MAITRE D'ÉCOLE

AVEC SES ÉLÈVES

OU

Entretiens sur des Sujets agricoles;

PAR

LE BARON L. DE BABO.

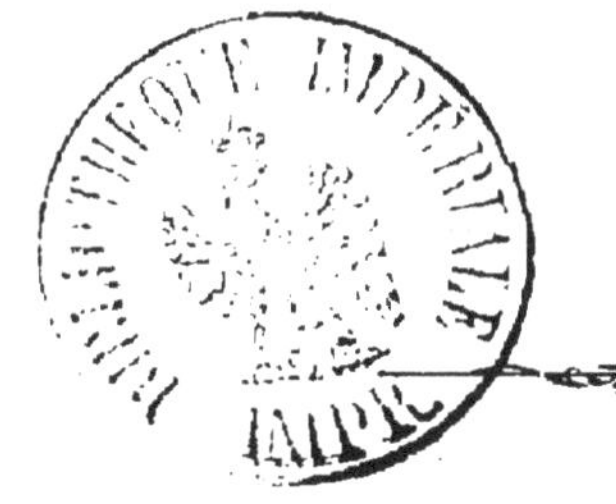

PARIS
LIBRAIRIE DE P. LETHIELLEUX,
Rue Bonaparte, 66.

TOURNAI
LIBRAIRIE DE H. CASTERMAN,
Rue aux Rats, 11.

H. CASTERMAN
ÉDITEUR.
1861

Dans une commune rurale vivait un maître d'école qui, non content de remplir par devoir ses fonctions, portait un intérêt tout particulier à ses élèves et prenait plaisir à les instruire.

Ceux-ci étaient des garçons studieux et intelligents qui, dans leurs relations de plusieurs années avec leur maître, s'étaient inspirés de son esprit, de telle sorte qu'ils ne fréquentaient pas l'école machinalement, mais qu'ils assistaient aux leçons avec l'ardent désir d'apprendre quelque chose. Déjà le maître leur avait donné des leçons particulières d'agriculture; ils connaissaient les substances élémentaires dont se compose la terre et les relations principales qui existent entre elles, les végétaux qui y croissent et les animaux qui y vivent; et plus ils en entendaient parler, plus ils mettaient d'ardeur à étudier la nature qui les environnait et ses phénomènes multiples.

Ils prièrent leur maître d'utiliser les jours de congé à faire avec eux des promenades dans la campagne. Celui-ci y consentit avec plaisir, et c'est l'objet des entretiens entre le maître et les élèves que nous allons raconter brièvement ici.

PROMENADES

D'UN

MAITRE D'ÉCOLE

AVEC

SES ÉLÈVES OU ENTRETIENS SUR DES SUJETS AGRICOLES.

PREMIÈRE PROMENADE.

On passa d'abord à côté d'une forge devant laquelle se trouvaient plusieurs charrues dont les socs étaient jaunes de rouille.

Le maître. Qui de vous peut me dire pourquoi ces socs de charrue sont rouillés?

Jean. Cela provient de ce qu'ils ont été exposés à la pluie et qu'on ne les a pas préservés de l'humidité.

Le maître. Très-bien. Mais pourquoi l'humidité a-t-elle produit cet effet-là?

Jacques. C'est parce que l'oxygène de l'air attaque les métaux et se combine avec eux, ainsi que vous nous l'avez appris.

Le maître. Mais pourquoi cela n'arrive-t-il pas quand les ustensiles ne sont pas humides?

Philippe. C'est que, pour que l'oxygène agisse, il faut de l'humidité ; sans cela il ne peut pas se combiner.

Le maître. L'oxygène ne se combine-t-il qu'avec les métaux ?

Philippe. Non. Il attaque aussi d'autres choses, dès qu'elles sont suffisamment humides pour cela.

Le maître. Quelles sont ces choses? Regardez si le bois de ces charrues est encore aussi neuf et aussi lisse qu'auparavant?

Jacques. Non. L'oxygène de l'air l'a aussi attaqué, parce qu'il est resté exposé à l'humidité; c'est ce qui l'a rendu friable à sa superficie.

Le maître. Comment nomme-t-on cette transformation du bois ?

Jean. On dit qu'il pourrit.

Jacques. On nomme cela la putréfaction ou la décomposition.

Le maître. Nous connaissons donc maintenant deux sortes de combinaison de l'oxygène avec les corps, savoir la rouille des métaux et la putréfaction du bois, ou, en d'autres termes, des corps végétaux. Quelqu'un de vous peut-il m'en indiquer une troisième ?

Tous réfléchissent.

Le maître. L'oxygène n'attaque-t-il pas aussi les pierres. Comment cela s'appelle-t-il ?

Jacques. L'efflorescence ou la désagrégation.

Le maître. Très-bien ; vous voyez donc que dans tous ces phénomènes c'est l'oxygène de l'air et sa combinaison avec les divers corps qui jouent toujours le premier rôle. Les nouveaux corps qui en résultent diffèrent bien entre eux; mais tous ils sont dus à la combinaison de l'oxygène avec eux, et cela par l'intermédiaire de l'humidité. N'y a-t-il pas aussi, mes enfants, une autre espèce de combinaison de l'oxygène avec les corps sans humidité?... Qu'entendez-vous dans la forge?

Jacques. On entend le soufflet qui sert à activer le feu.

Le maître. Pourquoi donc le maréchal souffle-t-il de l'air dans le feu?

Philippe. C'est pour y faire parvenir plus d'oxygène et alimenter ainsi davantage le feu.

Le maître. Mais que peut faire à cela l'oxygène?

Jean. Il se combine avec le charbon et forme de l'acide carbonique.

Le maître. Ah ! voilà donc une nouvelle espèce de combinaison de l'oxygène qui n'est pas le résultat de l'humidité, mais qui s'opère par la voie sèche au moyen de la chaleur. Regardez ces étincelles qui partent lorsque le maréchal bat le fer. Quand elles sont froides, vous trouvez ce qu'on nomme la batture de fer. C'est la combinaison de l'oxygène avec le fer par la voie sèche. La batture de fer n'est plus du fer pur, mais elle se compose, comme la rouille, de fer et d'oxygène; seulement, la combinaison a eu lieu sous d'autres conditions. Pouvez-vous me dire ce que la combustion et la putréfaction ont de commun entre elles?

Joseph. Oui, monsieur; toutes deux sont le résultat de la combinaison de l'oxygène avec les corps.

Le maître. Mais en quoi diffèrent-elles ?

Jacques. En ce que la combustion a lieu rapidement et par un haut degré de chaleur, tandis que la putréfaction a lieu lentement et réclame toujours la présence de l'humidité.

Le maître. Quel autre nom a-t-on donné à cause de cela à la putréfaction ?

Jean. La combustion lente ou l'érémacausie.

Ils continuèrent leur route et arrivèrent à un tas de fumier qu'on était précisément occupé à enlever.

Le maître. Quel est le phénomène qui a ainsi transformé le fumier?

Jacques. La putréfaction, dont nous venons justement de parler.

Le maître. Ne remarquez-vous rien d'autre dans l'apparence du fumier ?

Jean. Oui, en haut la paille est encore presque entière, tandis qu'en bas le fumier est devenu gras.

Le maître. Comment cela s'est-il fait?

Aucun des élèves ne répondit.

Le maître. Je vais vous le dire. Plus le fumier repose, plus les parties végétales se transforment en acide carbonique et autres éléments gazeux, et ceux-ci sont perdus pour le cultivateur. Il ne reste pour ainsi dire que les éléments terreux ; et, comme ils ont plus de cohésion, ils apparaissent gras. Mais c'est une graisse qu'on paye gros et qui coûte souvent plus cher qu'une véritable tranche de lard.

Mais nous ne nous arrêterons pas davantage à cette question qui nous retient ici ; sans quoi nous n'arriverions pas en pleine campagne.

Ils marchèrent, et s'arrêtèrent quelques instants après près d'une grande carrière. A la base se montraient de grandes roches encore entières ; en remontant, les morceaux de roc étaient plus petits ; puis, vers le sommet, on ne voyait plus que des morceaux isolés ; et enfin, à la superficie, on remarquait une couche de terre formée par des parcelles de roc réduites en poudre.

Le maître. Dites-moi un peu, mes enfants, pourquoi le roc n'est pas resté jusqu'à sa superficie aussi dur qu'en bas?

Jacques. Au-dessus, le roc a subi la désagrégation.

Le maître. Qu'entend on par désagrégation?

Jean. C'est encore une action de l'oxygène de l'air.

Le maître. Oui ; mais dans ce cas-ci, l'humidité agit encore d'une autre manière. Lorsqu'en hiver les particules de pierre ont attiré de l'eau et qu'il gèle, les particules d'eau dans les pierres gèlent également ; et comme la glace occupe un espace plus grand que l'eau, cela fait éclater les joints dans les pierres; l'oxygène de l'air y pénètre plus facilement et les parcelles de pierre se convertissent en terre.

Joseph. Par la même raison, ma mère a perdu cet hiver un beau pot. Elle y avait laissé de l'eau ; il gela, et le lendemain le pot était fendu.

Jacques. Quand le sol sur les champs a bien été gelé pendant l'hiver, la terre en devient plus friable au printemps. Mon père voit cela avec plaisir.

Le maître. Je le crois bien, c'est absolument le même phénomène que la désagrégation des pierres; si ce n'est que les particules de terre sont plus petites. Mais par la désagrégation, il y a une quantité de matières nutritives pour les plantes qui deviennent solubles et qui profitent à la croissance future. Les paysans le savent fort bien, quoique ils n'en connaissent point la raison. Vous la savez, et nous en trouverons encore d'autres applications quand je vous parlerai de la préparation du sol. Mais il se fait tard. C'est assez pour aujourd'hui ; nous allons retourner à la maison.

DEUXIÈME PROMENADE.

On avait enterré ce jour-là un vieil hôtelier connu dans tout le village et qui, aux yeux des paysans, était mort d'une manière mystérieuse. Le brave homme, voulant se bien réchauffer, avait allumé un bon feu dans sa chambre, et, pour maintenir la chaleur, il avait bouché le tuyau du poêle. Le lendemain, on l'avait trouvé inanimé dans son lit, et chacun se disait qu'il avait été frappé d'apoplexie; mais, en réalité, il était mort asphyxié.

L'enterrement, auquel tout le village assistait, s'étant prolongé un peu, et l'heure de l'entrée en classe étant passée, le maître alla pendant une heure se promener dans la campagne avec ses élèves, et, tout en cheminant, la conversation suivante s'engagea :

Jacques. Maître, qu'est-ce donc qu'une apoplexie?

Le maître. On dit ordinairement, dans les cas de mort subite, que la victime a été frappée d'apoplexie. Mais ici il ne s'agit pas de cela : le brave homme que nous venons d'enterrer a tout bonnement été asphyxié par la vapeur de charbon.

Georges. Mais comment cela a-t-il pu se faire? On ne remarquait aucune lésion sur son corps, si ce n'est que sa figure avait une teinte bleuâtre.

Le maître. Rappelez-vous une des propriétés de l'oxygène que je vous ai fait connaître, et réfléchissez bien!

Pierre. J'y suis : sans oxygène, ni l'animal ni l'homme ne peuvent respirer.

Le maître. Tu as saisi la chose beaucoup mieux qu'on ne le fait généralement. Tu t'es parfaitement expliqué, et tu n'es point tombé dans cette erreur assez commune qui fait dire que les gaz, en général, empêchent la respiration, car l'oxygène a une propriété toute contraire. C'est le seul, du reste, entre tous les gaz, qui soit essentiel à la respiration; aucun des autres n'est capable de remplir les fonctions qu'une sage disposition de la nature a assignées à l'oxygène.

Georges. Mais quelles sont donc les fonctions de l'oxygène dans la respiration? On aspire l'air et on le rend de nouveau par la bouche.

Le maître. Cela paraît ainsi. Mais si vous voulez être bien attentifs, j'essayerai de vous expliquer la respiration et les phénomènes qui l'accompagnent. Vous avez appris que dans la combustion ou dans la putréfaction des corps organiques (des animaux et des végétaux), l'oxygène absorbe le carbone et le maintient à l'état d'acide carbonique, jusqu'à ce que le règne végétal lui fournisse de nouveau l'occasion de se séparer du carbone et de retourner dans l'air, tandis que le carbone se transforme en corps des végétaux. Vous souvenez-vous de cela?

Joseph. On nomme cela le mouvement de composition ou de décomposition.

Le maître. Les végétaux, soit directement, soit transformés en viande, constituent la nourriture des animaux, et ces plantes se composent en majeure partie de carbone ; il en résulte que cette substance doit s'accumuler en trop grande quantité dans le corps animal, à moins qu'il n'en soit éliminé. Une partie de ce carbone part non digéré avec les excréments, mais l'autre partie, qui se trouve dans le suc nutritif digéré, suffirait encore à surcharger le corps de carbone et à troubler dans l'organisme l'équilibre nécessaire de ses éléments. La tâche que l'oxygène a à résoudre dans le corps animal consiste à s'opposer à cette accumulation de carbone. Car, de même que sur la terre les fleuves et les rivières unissent les différentes matières et les charrient dans leurs eaux, de même un seul courant parcourt tout le corps jusque dans ses moindres parties. Savez-vous quel est ce courant dont je parle?

Pierre. Oh oui, c'est le sang.

Georges. Nous l'avons souvent remarqué chez le boucher quand il dépeçait des bêtes.

Le maître. Le sang a pour mission de charrier dans le corps le suc nutritif, et d'en céder à toutes les parties autant qu'il leur en faut. Mais pour que le sang parvienne partout, il est continuellement poussé par le cœur dans les artères ; alors les diverses parties du corps le font passer comme à travers un filtre, chacune en conservant la portion dont elle a besoin, et le superflu est ramené au cœur par une espèce particulière de vaisseaux qu'on nomme veines, pour être de nouveau envoyé dans les diverses parties du corps, après avoir pris les nouveaux éléments nutritifs nécessaires à sa conservation.

Mais lorsque le sang revient des veines, il contient encore une quantité beaucoup plus grande de carbone que le corps ne réclame ; il faut donc que ce carbone soit enlevé du sang et éliminé hors du corps. A cette fin, le cœur chasse d'abord le sang dans les poumons avant de lui faire parcourir de nouveau le corps. Là, il vient en contact avec l'oxygène de l'air inspiré, lui cède son excès de carbone, qui se transforme ainsi en acide carbonique. Nous ne rendons donc pas l'air atmosphérique tel que nous l'avons respiré, mais comme un air dans lequel l'oxygène s'est transformé en acide carbonique. Cette disposition est une des plus admirables que nous puissions observer dans la nature ; car, de même que dans le grand arrangement universel, le carbone est transporté par l'oxygène pour des formations toujours nouvelles, de même, dans le corps animal, il est éliminé par l'oxigène là où il pourrait s'accumuler en excès. Dites-moi, maintenant que je vous ai donné cette explication, comment l'oxygène favorise la respiration?

Joseph. C'est parce qu'il élimine du corps l'excès de carbone sous la forme d'acide carbonique?

Le maître. Mais un autre gaz ne peut-il, combiné avec le carbone, former de l'acide carbonique.

Tous. Non.

Le maître. Aucun d'eux ne peut donc entretenir ce phénomène de la respiration. Vous savez maintenant comment est mort l'hôtelier. Par la combustion dans le poêle, l'air vital qui se trouvait dans la chambre a été consommé; il s'est formé alors de l'acide carbonique ou plutôt un autre gaz que les savants nomment oxyde de carbone, et lorsque ce gaz a rempli la chambre, l'hôtelier n'a plus pu respirer et il est mort.

Jean. Quand un homme se noie, c'est sans doute la même chose : n'est-ce pas l'eau qui empêche l'accès de l'oxygène?

Le maître. C'est parfaitement juste. Comment avons-nous nommé la combinaison de l'oxygène avec le carbone?

Pierre. La combustion.

Le maître. C'est cela. Eh bien, on peut vraiment dire que la respiration est un phénomène de combustion, qui donne naissance à de l'acide carbonique comme produit principal. Dites-moi maintenant quel est l'enseignement qu'on peut tirer de tout cela?

Georges. C'est qu'on ne doit pas aller dans des lieux qui ne contiennent pas d'oxygène, parce que la mort survient dès qu'on cesse de respirer ce gaz.

Pierre. Alors, comme la combustion véritable ne peut pas non plus avoir lieu sans oxygène, on peut facilement s'assurer si la respiration est possible dans tel ou tel lieu, en y introduisant d'abord une chandelle allumée. Si la chandelle ne s'éteint pas, c'est une preuve qu'il s'y trouve suffisamment d'oxygène pour qu'on puisse y respirer.

Le maître. Je vois que vous avez bien compris. Eh bien, rappelez-vous toujours que l'on ne doit pas boucher les tuyaux du poêle pour conserver la chaleur plus longtemps, car cette imprudence a déjà causé la mort de bien des personnes.

Pierre. N'est-ce pas par la même raison qu'il faut prendre les plus grandes précautions pour descendre dans les caves où se trouvent des liqueurs qui fermentent ou bien dans des puits profonds?

Le maître. Oui, mes enfants; c'est parce que l'acide carbonique s'y est développé dans de grandes proportions.

Jean. Maître, quels moyens faut-il employer pour faire disparaître l'acide carbonique ?

Le maître. Je vais vous en indiquer quelques-uns qui sont très-simples. Si vous avez constaté sa présence dans un puits profond, par exemple, vous prenez un parapluie, vous l'ouvrez et vous fixez au manche une corde mince. Au moyen de cette corde vous laissez descendre le parapluie et vous le retirez brusquement. De cette manière vous ramenez l'acide carbonique et vous permettez à l'air atmosphérique de pénétrer dans le puits. On peut aussi tendre un drap sur un cerceau, fixer un bâton au milieu, et s'en servir de la même façon. Dans des caves ou dans des citernes, ce procédé n'est pas applicable. Dans ces cas, il faut prendre de la chaux vive, qu'on remue un peu dans de l'eau, et on la jette dans la cave. La chaux alors attirera rapidement l'acide carbonique. On peut encore obtenir le même effet en jetant de l'eau bouillante en abondance; un coup de fusil chargé à poudre peut aussi produire de bons résultats. Néanmoins, avant de se risquer à pénétrer dans ces lieux, il faut toujours examiner, au moyen d'une chandelle, si le gaz fixe en est expulsé, et, dans le cas contraire, on doit renouveler les opérations. Il est bien entendu que si la cave a des soupiraux, il faut les ouvrir. Aucune de ces précautions ne doit être négligée par les tonneliers quand ils entrent dans des cuves ou des tonneaux où le moût a fermenté, car on a bien souvent signalé des cas d'asphyxie dans ces circonstances.

Le danger est d'autant plus grand que l'acide carbonique, qui est plus pesant que l'air, s'accumule principalement vers le sol. Qu'arrive-t-il alors ? C'est que l'homme, perdant immédiatement connaissance, s'affaisse, se trouve complétement privé d'oxygène et meurt très-promptement. Le premier mouvement est de porter secours en descendant immédiatement; c'est là une erreur déplorable qui souvent coûte la vie successivement à plusieurs personnes sans qu'il puisse en résulter un profit quelconque pour la première victime. Ce qu'il y a à faire lorsqu'un malheur de ce genre est arrivé, c'est de chercher à purifier l'air lui-même; c'est ainsi qu'on pourra de la façon la plus efficace sauver encore dans bien des cas le premier qui est tombé, sans crainte de compromettre la vie de ceux qui voudraient se dévouer aveuglément. Mais, avant tout, ainsi que le disait Pierre tout à l'heure, et je ne saurais trop le répéter, le meilleur moyen pour éviter de pareils accidents, c'est de s'assurer toujours, au moyen d'une lumière, s'il n'y a aucun danger à redouter.

TROISIÈME PROMENADE.

Cette fois, en sortant du village, le maître fit passer les élèves devant un bâtiment incendié. Des ouvriers étaient occupés à enlever les débris, tandis que d'autres préparaient de la chaux ou faisaient du mortier pour commencer à maçonner. Ce fut là une occasion pour questionner le maître.

Jean. Tiens, voilà de la paille qui a conservé encore sa forme primitive, bien qu'elle soit devenue noire et friable. Pourquoi n'a-t-elle pas été complétement brûlée comme le reste?

Le maître. N'en connaissez-vous point la raison? Voyons, qui de vous peut me la dire?

Georges. Moi, je la sais. La paille n'est pas brûlée, elle est tout simplement carbonisée.

Le maître. Mais pourquoi n'est-elle que carbonisée?

Jean. Parce qu'elle était probablement recouverte d'autres objets qui ont empêché l'oxygène de l'air de pénétrer jusqu'à elle, en sorte que la chaleur a bien pu en chasser les autres éléments, mais qu'elle n'a pas pu la brûler.

Le maître. De quoi se compose maintenant le résidu de cette paille?

Joseph. De carbone qui n'a pas pu être transformé en acide carbonique par l'oxygène de l'air.

Georges. C'est donc la même chose que ce qui a lieu dans une charbonnière?

Le maître. Tout à fait. De même qu'on recouvre de gazon la charbonnière afin de garantir le bois contre le contact de l'air atmosphérique, de même cette paille carbonisée était accidentellement garantie par d'autres matières. Mais ne remarquez-vous pas d'autre particularité dans ces débris de paille?

Jean. C'est que la paille conserve encore son apparence naturelle, bien qu'en réalité elle ne soit plus que du charbon.

Le maître. Et savez-vous comment cela se fait?

Jacques. Oh! nous ne l'avons pas oublié. Comme le carbone forme la matière principale d'une plante, celle-ci conserve sa forme tant que le carbone n'en a pas disparu.

Jean. C'est précisément comme dans le charbon de bois.

Le maître. Vous avez parfaitement raison. Ce

n'est pas, du reste, dans les plantes seules que la forme se conserve en pareil cas, il en est de même aussi chez l'homme et chez les autres animaux dont les corps sont composés pour la plus grande partie de carbone. Je me souviens d'un incendie considérable où seize personnes avaient cherché à s'abriter dans un caveau. Les ravages du feu en bouchèrent l'entrée, et la chaleur s'y développa de telle sorte que les malheureux furent asphyxiés et complétement carbonisés. Lorsqu'on les retrouva plus tard, ils avaient tous conservé leur forme, au point qu'on pouvait encore parfaitement reconnaître leurs membres. Ces corps carbonisés présentaient un spectacle vraiment horrible.

Après ces paroles, le maître s'approcha des ouvriers. Les maçons avaient rempli une tinette d'eau et y jetaient des morceaux de chaux vive. Il en résulta une effervescence et une chaleur telles, que l'eau commença à fumer et à bouillir. Les maçons remuèrent alors activement l'eau et la chaux. Il se forma une bouillie blanche qui, après avoir été bien travaillée, fut coulée dans la fosse à chaux.

Le maître. Quelqu'un de vous peut-il me dire la cause du phénomène que vous voyez ici?

Tous se turent.

Le maître. De quoi se compose donc la pierre calcaire qu'on emploie pour faire la chaux?

Jacques. De chaux combinée avec de l'acide carbonique.

Le maître. Pourquoi est-elle ordinairement combinée avec de l'acide carbonique?

Jean. Parce que la chaux a une affinité particulière pour ce gaz.

Le maître. Quand le chaufournier brûle la pierre calcaire au moyen d'une forte chaleur, il en chasse ainsi l'acide carbonique et l'humidité qu'elle contient. La chaux alors se purifie et prend la propriété caustique dont je vous ai déjà parlé. Mais pour pouvoir s'en servir dans la maçonnerie, on doit de nouveau la mélanger d'eau, c'est-à-dire l'éteindre. C'est donc de la chaux éteinte que vous voyez dans la fosse.

Jean. Est-ce qu'alors l'acide carbonique qui en avait été expulsé rentre dans la chaux?

Le maître. Pas du tout. La chaux ne peut, en si peu de temps, regagner une quantité d'acide carbonique assez forte pour la ramener à son état primitif. Elle conserve donc sa propriété caustique, et malheur à celui qui tomberait dans une fosse qui en serait remplie, car il serait brûlé et mourrait dans d'atroces douleurs.

Jean. Mais pourquoi le mortier, quand on l'a mis en usage, n'a-t-il plus cette propriété caustique?

Le maître. Le mortier dont se servent les maçons dans leurs travaux est un mélange de chaux et de sable. Déjà, pendant l'opération qu'exige ce mélange, la chaux qui y est contenue attire de l'acide carbonique ; puis, le mélange fait, quand le mortier se trouve en couches minces entre les pierres, et que, sur les côtés, il est exposé au contact de l'air comme vous le voyez aux murailles, il en attire davantage encore, et cela d'autant plus rapidement, qu'en séchant il perd l'eau qui s'y trouve en excès. Alors la chaux perd sa propriété caustique, elle se combine avec l'acide carbonique et devient de plus en plus dure et pierreuse, retournant pour ainsi dire à son état primitif de pierre calcaire. C'est pour cela que les murailles ont d'autant plus de solidité, qu'elles sont construites depuis plus longtemps.

Joseph. Cela se voit aux murailles du vieux château. Le mortier y a acquis la dureté de la pierre.

Le maître. C'est une chose remarquable de voir depuis combien de temps les hommes ont connu l'application de la chaux sans se rendre exactement compte de la véritable raison qui les portait à l'employer. Et c'est tout simplement, vous le savez maintenant, parce qu'on peut la rendre maniable, au moment de sa mise en œuvre, en en chassant l'acide carbonique, et qu'ensuite, après qu'elle a été employée, elle a la propriété de redevenir dure et pierreuse, ainsi qu'elle était avant.

Jacques. Maintenant je comprends pourquoi en fumant avec de la chaux vive on doit éviter d'en mettre en trop grande quantité sur la même place, et la répandre aussi sèche que possible.

Le maître. Voyons, pourquoi?

Jacques. Parce que si des quantités plus grandes étaient réunies, elles formeraient avec l'eau et la terre un mortier qui plus tard se durcirait à l'air.

Jean. Et on aurait conduit de la chaux qui ne donnerait pas plus de profit que les pierres calcaires qui se trouvent répandues sur certains champs.

Ayant poursuivi leur chemin, nos promeneurs rencontrèrent une fosse profonde d'où on retirait de l'argile, et s'y arrêtèrent. On pouvait très-bien y voir la nature du sol depuis la superficie jusqu'à une assez grande profondeur.

Le maître. Ne voyez-vous pas dans cette tranchée des choses qui vous rappellent l'enseignement que je vous ai donné sur les différentes natures de terrain?

Georges. Certainement. D'abord il y a une couche de terre noire.

Le maître. Comment la nomme-t-on, et d'où provient-elle?

Jacques. N'est-ce pas une couche d'humus?

Le maître. Ce n'est pas de l'humus pur, qui de sa nature est poreux, léger et ne doit pas contenir de parties terreuses, mais c'est de la terre contenant de l'humus. Il provient des débris de plantes putréfiées, de fumier décomposé, etc.; il remplit maintenant les interstices qui existaient dans la terre proprement dite. En se combinant avec l'air atmosphérique, il se décompose continuellement en acide carbonique et en ammoniaque; c'est ce qui a fait dire souvent que l'humus était la source de l'acide carbonique et de l'ammoniaque.

Jean. C'est donc pour cela que le terrain noir est toujours fertile?

Le maître. Oui, au moins dans la plupart des cas. Vous savez que la terre des jardins est généralement considérée comme très-fertile. Pouvez-vous me dire pourquoi?

Jean. Oh, oui; c'est parce qu'on met ordinairement dans les jardins beaucoup de fumier, qui s'y putréfie sans être jamais complétement consommé; alors, comme on y en ajoute encore du nouveau, l'humus s'y forme facilement et s'accumule ainsi chaque année.

Le maître. Très-bien. Vous devez savoir maintenant pourquoi dans certains sols on ne trouve aucune trace de coloration noirâtre?

Georges. C'est parce qu'il n'y a pas d'humus dans les instertices des particules terreuses.

Le maître. D'après les explications que je vous ai données, vous pourrez aussi me dire dans quelles portions du sol l'humus doit manquer.

Tous se taisent.

Le maître. Oh! par exemple! le fait est devant vos yeux et vous ne le voyez pas ! Est-ce que la couche plus profonde de cette tranchée a encore une couche noirâtre.

Les élèves. Non ; non.

Le maître. Eh bien, cela est dû à l'absence d'humus. C'est parce que l'humus, qui se forme des débris putréfiés et décomposés des plantes, doit naturellement se trouver dans la couche supérieure du sol. Il y a cependant des contrées où la couche d'humus est excessivement profonde et offre pour ainsi dire une source presque inépuisable d'aliments pour les plantes.

Jacques. Ces contrées doivent être favorables à la culture ; où se trouvent-elles ?

Le maître. Dans des pays où l'agriculture n'a pas encore pénétré ou n'a pénétré que depuis peu de temps, dans quelques régions de l'Amérique ou de l'Asie, par exemple, et en Australie.

Pierre. Comment cela se fait-il ?

Le maître. C'est que les débris végétaux s'y sont accumulés depuis le commencement du monde.

Les plantes s'y sont successivement formées sur les débris antérieurs, et s'y sont putréfiées à leur tour chaque année, en sorte que la masse de l'humus a augmenté dans de grandes proportions, surtout dans les climats où la sécheresse du sol empêchait la décomposition de se faire rapidement.

Jean. Mais cette richesse du sol ne finira-t-elle pas par s'épuiser?

Le maître. Évidemment cela arrivera. Déjà en Amérique on remarque une diminution de fertilité dans certaines contrées où on n'a jamais eu recours au fumier. En Europe même, certains districts qui, du temps des anciens Romains, étaient renommés pour leur fertilité sont aujourd'hui stériles; et cela par l'unique raison qu'on n'a pas convenablement remplacé par du fumier l'humus absorbé par les plantes récoltées. Et que doit-on conclure de là?

Gaspard. C'est qu'on doit toujours avoir soin de fumer suffisamment tous les sols, afin que l'humus n'y diminue pas et qu'il y augmente, au contraire, autant que possible.

Pendant cet entretien, Joseph était descendu dans une prairie située dans un terrain bas, à côté de la route, pour y cueillir une fleur. Comme on était au commencement du printemps et que le sol, humide et marécageux de sa nature, était encore détrempé par l'humidité de la saison, Joseph s'enfonça jusqu'à mi-jambe à travers la couche d'herbe dans le sol brun et boueux.

Il se sortit de là tant bien que mal et tout couvert de boue, ce qui provoqua les rires de ses camarades. Le maître l'envoya aussitôt à la maison pour changer de vêtements ; et Dieu sait comme il dut y être reçu par sa mère. Après quoi la conversation reprit son cours.

Le maître. Notre ami Joseph nous a involontairement montré une autre espèce d'humus. Quelle est-elle?

Jean. C'est l'humus acide qui se montre souvent sur les prairies marécageuses.

Le maître. D'où provient-il?

Jacques. Je le sais bien. Dans l'eau les plantes en putréfaction ne peuvent pas se décomposer de la même façon que là où l'air atmosphérique a accès. Elles y laissent beaucoup plus de débris, qui finissent par remplir les fonds. Ce sont ces débris qui forment la tourbe avec laquelle nous nous chauffons lorsqu'elle est sèche. Il se forme aussi dans l'eau un acide qui pénètre les débris végétaux et s'y fixe. Quand cela a lieu, l'humus devient acide, et il ne vaut absolument rien pour l'alimentation des plantes.

Le maître. Mais comment peut-on enlever l'acidité d'un pareil terrain et le rendre de nouveau fertile?

Jacques. En y répandant de la chaux ou de la marne, car ces matières absorbent l'acide.

Le maître. Mais ces précautions sont-elles suffisantes? N'y a-t-il pas encore un autre moyen pour rendre de nouveau ces terrains fertiles?

Jacques. On doit chercher à faire écouler les eaux stagnantes qui sont en définitive la principale cause de l'acidité du terrain.

Le maître. Comment fait-on cela ?

Jacques. En faisant des fossés dans lesquels on conduit l'eau.

Le maître. D'où tiens-tu ce procédé que tu nous indiques avec tant d'assurance?

Jacques. Mon père l'a employé beaucoup l'année dernière et j'ai assisté au travail. Nous avons fait, dans une prairie, des fossés profonds et étroits que nous avons remplis de pierres amenées d'un champ voisin; puis nous avons recouvert ces pierres de morceaux de gazon et jeté de la terre par-dessus. J'oublie de dire qu'on avait donné aux fossés une pente suffisante pour empêcher que l'eau n'y séjournât.

Le maître. Et quel résultat avez vous obtenu?

Jacques. Au bout de quelques semaines, l'eau s'était retirée de la prairie et l'herbe y paraissait meilleure. La qualité de la récolte n'a pas été supérieure, mais elle était très-améliorée, et mon père dit que l'amélioration sera plus grande cette année-ci. Il y a fait, du reste, répandre de la cendre cet hiver, afin de faire disparaître les herbes acides.

Le maître. Ton père est un homme actif et intelligent qui mérite des éloges; il recueillera bientôt le fruit de ses soins, et alors ses voisins l'imiteront. Maintenant, mes enfants, il est temps de rentrer. Un autre jour nous reviendrons à cette tranchée qui nous fournira encore un sujet d'instruction.

QUATRIÈME PROMENADE.

Dans cette excursion, le maître et les élèves passèrent près de quelques maisons qui avaient des jardins donnant sur la rue et à l'exposition du midi. On était au commencement du printemps, et la végétation était généralement encore faible ; cependant les parterres, placés au pied des murs des maisons, montraient déjà quelque verdure. Dans les uns, on voyait de belles salades et d'autres plantes herbacées ; dans les autres, il y avait des anémones, des violettes odorantes et quelques fleurs printanières que la chaleur avait fait épanouir.

En faisant remarquer à ses élèves cette précocité, le maître leur demanda :

Ne dirait-on pas que les plantes qui croissent le long de ces murs sont venues dans un climat plus doux et plus chaud que le nôtre?

Pierre. C'est un effet du soleil qui donne ici presque toute la journée.

Le maître. Mais le soleil donne également toute la journée en plein champ, et cependant tu n'y trouveras pas la végétation aussi avancée.

Pierre. Ah! oui; cela est vrai... alors je ne sais pas pourquoi.

Georges. C'est probablement qu'ici les plantes sont garanties du vent.

Le maître. C'est déjà une raison; mais il y en a d'autres encore que vous ne connaissez pas, et je vais vous expliquer la plus importante. Quand, en été, vers midi, le soleil darde perpendiculairement ses rayons sur vous, que ressentez-vous?

Les élèves. Une chaleur brûlante, qui est d'autant plus forte que le ciel est plus clair.

Jean. Il pourrait même en résulter des brûlures aussi vives que celles que le feu produit.

Le maître. Pouvez-vous regarder le soleil directement en face?

Les élèves. Non, car sa lumière éblouit, et sa vivacité est telle qu'on pourrait en devenir aveugle.

Le maître. Eh bien, vous avez reconnu là les deux propriétés principales des rayons solaires. C'est la chaleur et la lumière que la terre reçoit du soleil. Comment le soleil nous envoie-t-il cette chaleur et cette lumière? C'est une chose sur laquelle nos savants ne sont pas encore d'accord, et nous n'avons pas besoin nous-mêmes de nous en préoccuper. Pour nous la chose existe : nous voyons, en effet, de nos yeux les rayons lumineux du soleil éclairer tout, et nous sentons sur notre corps la chaleur qu'ils répandent sur tous les objets qu'ils frappent; cela doit nous suffire. Laissant de côté ce point de la question, je vous dirai qu'il existe des corps doués de la propriété d'absorber les rayons solaires et d'en être échauffés, tandis que d'autres corps ne s'en laissent pas pénétrer et les réfléchissent, absolument comme, au jeu de quilles, la boule rebondit quand elle vient frapper la planche, ou comme l'eau rejaillit quand on la lance avec force contre un corps dur.

Jean. Maintenant je sais pourquoi les pantalons noirs sont si chauds quand le soleil luit; c'est parce qu'ils absorbent ses rayons.

Le maître. Comme généralement tous les corps de couleur foncée; les corps blancs, au contraire, réfléchissent les rayons solaires sans les absorber. Pourriez-vous m'en citer des exemples?

Jacques. Les vêtements clairs sont plus frais en été que ceux de couleur foncée.

Joseph. Près des murs blanchis, la chaleur en été est souvent insupportable par suite de la vivacité de la lumière et de la chaleur qui y est réfléchie.

Le maître. C'est bien cela. Et maintenant si nous appliquons ces principes à ce que nous voyons dans les parterres qui sont près de ces maisons, que trouverons-nous?

Joseph. Que le sol étant de couleur foncée doit absorber vivement les rayons solaires et en être échauffé.

Le maître. Et quoi encore?

Jacques. Que la blancheur des murs des maisons renvoie les rayons solaires sur le sol, qui les absorbe également.

Le maître. Ainsi, dans cette circonstance les rayons ont en quelque sorte une action double; leur influence sur le sol sous le rapport de la chaleur et de la lumière est considérablement augmentée. Ne vous ai-je pas déjà dit quelque chose de l'influence de la lumière sur la croissance des plantes?

Jean. Oui ; nous savons que les plantes absorbent de l'acide carbonique et dégagent de l'oxygène.

Le maître. Est-ce tout?

Jacques. Non; ces plantes ne peuvent faire cette absorption que lorsqu'elles ont la lumière nécessaire, en sorte que ce dégagement d'oxygène n'a lieu que pendant le jour et qu'il s'opère d'une manière beaucoup plus sensible à la clarté du soleil.

Le maître. Ajoutez que plus le soleil est vif, plus la croissance, c'est-à-dire l'assimilation du carbone, est rapide. Quelle autre conséquence peut-on encore tirer de tout cela?

Jean. Que l'action des rayons solaires qui frappent les plantes le long de ces murs étant doublée, ils doivent agir avec plus de force et d'efficacité que s'ils tombaient tout simplement sur le sol.

Le maître. Il résulte de toutes ces conditions que le sol et l'air s'échauffent davantage que dans d'autres expositions. Ajoutez à cela que les murailles garantissent l'atmosphère et le sol contre les courants d'air froid, en sorte qu'il y règne une chaleur constante, particulièrement favorable à la prospérité de la végétation. Ces endroits, ainsi mis à l'abri, jouissent, pour ainsi dire, d'un climat méridional, et les plantes qui ne réussissent ordinairement pas dans la contrée y croissent facilement. Quelqu'un de vous peut-il me citer de ces plantes?

Jacques. La vigne; car elle croît bien contre ces murs garantis, tandis qu'ailleurs elle ne réussit pas.

Jean. Mais nous avons aussi des vignobles en pleine campagne.

Le maître. Oui; mais on ne peut les établir avec succès qu'à des endroits garantis des mauvais vents et bien exposés aux rayons du soleil.

Joseph. On en trouve pourtant aussi qui sont situés vers le nord ou sur un terrain tout à fait plat.

Le maître. Cela est vrai; mais c'est un très mauvais système, car on n'en obtient que de mauvais raisins et un vin aigre.

Jean. Les arbres qui se trouvent exposés au midi donnent aussi des fruits plus hâtifs et de meilleure qualité.

Le maître. Tout cela provient d'une seule et même cause : c'est que la lumière et la chaleur sont des conditions vitales pour tous les végétaux. Là où elles agissent avec le plus de force, là les plantes viennent le mieux. Si vous vous rappelez ce que je vous ai dit, vous saurez bientôt reconnaître les meilleurs champs; et quand, un jour, vous serez dans le cas d'en acheter, vous devrez certainement choisir ceux qui sont exposés au soleil et garantis des mauvais vents. Dans les contrées montagneuses, ces champs valent quelquefois le double de ceux situés au nord. Quel autre avantage principal offrent-ils encore?

Jacques. C'est qu'au printemps ils se sèchent plus vite et peuvent être cultivés beaucoup plus tôt que les autres.

Le maître. Mais quand on a des champs au midi et au nord, que doit on observer relativement à leur culture?

Jean. On doit cultiver les plantes plus délicates au midi, tandis qu'on plante au nord celles qui proviennent de climats plus froids.

Le maître. Eh bien, retenez bien cela, car il y a beaucoup de personnes qui n'y font pas attention et qui s'en remettent sur ce point au hasard; mais lorsque l'heure de récolter arrive, elles n'ont qu'un faible produit, qui aurait été différent, si elles avaient agi d'une manière plus rationnelle, c'est-à-dire si elles avaient suivi la règle que je viens de vous indiquer.

CINQUIÈME PROMENADE.

Nos promeneurs s'étaient réunis comme d'habitude dans la salle d'école, pour faire leur excursion dans la campagne, et on remarquait parmi eux une sorte d'impatience, parce qu'ils étaient retenus depuis plus d'une heure par une pluie battante.

Dès que le temps se fut un peu rasséréné, maître et élèves se mirent en route.

A la sortie du village, ils s'engagèrent dans un chemin en pente que la pluie avait sillonné de petites rigoles par où l'eau s'écoulait. Le maître, s'arrêtant, appela sur ce point l'attention de ses auditeurs.

Le maître. Ne voyez-vous rien de particulier dans ces rigoles?

Jean. Je n'y vois rien, si ce n'est que l'eau qui y coule est très-trouble.

Jacques. J'y vois encore autre chose, moi : c'est que l'eau entraîne le sable avec une grande force.

Le maître. Eh bien, pourquoi cette eau est-elle ainsi trouble?

Georges. C'est parce qu'elle contient des particules de terre, absolument comme si on délayait avec beaucoup de soin un morceau de terre dans un verre d'eau.

Le maître. La comparaison que tu fais-là est bonne, et tu pourras peut-être me dire aussi ce qui doit arriver si on laisse reposer quelque temps l'eau contenue dans le verre.

Georges. La partie la plus lourde de la terre qu'on y a délayée se précipitera presque immédiatement au fond, comme les molécules pierreuses, par exemple, et le sable, tandis que la partie la plus légère restera suspendue dans l'eau.

Le maître. Mais est-ce que cette dernière partie restera indéfiniment mélangée avec l'eau?

Georges. Non ; elle finira aussi par se déposer au fond, et l'eau reprendra sa première netteté.

Le maître. Je vois bien que tu as dû faire déjà cette expérience. N'as-tu pas remarqué alors que les molécules de la terre se déposaient par couches homogènes suivant leur pesanteur?

Georges. Oui; en dessous sont placées les parties pierreuses, puis vient le sable, et au-dessus, enfin, se place la terre proprement dite.

Le maître. Allons, je vois que tu as examiné la

chose avec attention. Eh bien, mes enfants, vous pouvez voir en grand dans la nature ce que Georges a observé dans un verre. Voyez l'eau trouble qui s'écoule dans ces rigoles : plus elle s'éloigne de son point de départ, plus elle s'éclaircit, parce qu'elle dépose petit à petit dans sa marche, au fur et à mesure que sa rapidité décroît, et dans l'ordre de leur pesanteur, toutes les particules pierreuses, sableuses et terreuses qu'elle entraîne.

Georges. Mais, dans ce cas, jusqu'où la partie terreuse est-elle emportée ?

Le maître. Jusqu'au point où la pente sur laquelle l'eau s'écoule s'adoucit ou cesse. Rendez-vous compte maintenant de ce phénomène dans une vallée arrosée par un fleuve dans lequel viennent se jeter de tous côtés des rivières, et dites-moi ce qu'il en résultera quand ces cours d'eau grossis par les pluies emporteront la terre des hauteurs ?

Jean. Cette terre viendra chaque fois enrichir les terrains de la vallée.

Le maître. Oui, sans doute; et c'est ainsi que se sont formées les excellentes terres de nos vallées. L'eau y a amené et déposé la terre désagrégée des montagnes, sans y entraîner les pierres et le sable qu'elle charriait d'abord avec elle. Je vous ai suffisamment expliqué ceci, et vous m'aurez assez compris, je pense, pour me dire maintenant comment il se fait que les eaux dans leur cours ne nous amènent que la terre qu'elles entraînent. Voyons; prenons pour exemple notre belle vallée du Rhin. Qui va me répondre ?

Jean. C'est parce que les pierres et le sable,

dont la pesanteur est relativement plus grande que celle de la terre, sont déposés par l'eau avant d'arriver dans notre contrée.

Le maître. C'est cela ; et, en effet, dans les terrains de la vallée du Rhin, rapprochés des montagnes de la Suisse, on rencontre des pierres assez fortes qui ont été charriées par les inondations. Plus bas, le sol est presque uniquement composé de gravier ; en descendant encore le long du fleuve, il y a d'immenses étendues de terrain recouvertes de sable, et, enfin, viennent les parties inférieures de la vallée où sont venues se fixer les molécules de terre, apportant avec elles une grande fertilité. — Maintenant, remettons-nous en marche, et nous rencontrerons probablement bientôt le sujet d'autres observations.

Après quelques instants, en effet, on s'arrêta à un endroit où venaient se réunir deux ruisseaux sortant de deux vallées différentes. L'un de ces ruisseaux, pour arriver au point où on avait fait halte, avait parcouru une gorge dont le terrain était composé de pierres sableuses ; l'autre sortait d'une montagne granitique.

Le maître. Ne remarquez-vous pas une différence entre ces deux ruisseaux?

Jean. Oui; l'eau de l'un est rougeâtre, et celle de l'autre a une couleur grise.

Georges. Cela provient, sans doute, de ce que le premier charrie des molécules de pierres sableuses, tandis que le second roule de la terre mêlée de granit désagrégé.

Le maître. C'est très-juste. Allons maintenant quelques pas plus loin, au-dessous du point de jonction des deux ruisseaux, et regardez si vous pouvez encore reconnaître la différence de couleur que vous avez observée dans leurs eaux.

Tous les élèves. Non, non; cette différence n'existe plus.

Le maître. Que sont devenues alors les terres qui nuançaient différemment ces eaux?

Jacques. Elles se sont mélangées.

Le maître. Oui, elles se sont mélangées; et je voulais vous apprendre cela pour vous faire comprendre la composition du sol si fertile de notre vallée du Rhin, car c'est ainsi qu'il s'est formé. De toutes les nombreuses rivières qui viennent grossir le fleuve, l'une sort d'une montagne calcaire, l'autre d'une montagne sablonneuse, une autre encore a coulé sur des roches granitiques. Toutes contiennent et entraînent dans leur cours des éléments des terrains propres qu'elles ont parcourus. Dans les grandes inondations qui ont lieu de temps à autre, ces différentes terres se mélangent et forment ainsi un excellent sol; et ce mélange est d'autant plus puissant pour la fertilité, qu'il est composé d'un plus grand nombre d'espèces de terre. Pouvez-vous me dire pourquoi?

Jean. C'est parce que, chaque espèce de terre ayant ses éléments propres, le sol contient des éléments plus divers.

Le maître. Précisément, et ce fait est confirmé par ce que vous pouvez voir dans le bas pays, où le sol est à la fois le plus mélangé et le plus fertile.

Jacques. C'est bien fâcheux pour les propriétaires des champs situés sur les pentes de perdre ainsi, au profit des propriétaires de la plaine, la partie la meilleure de leurs terres et les engrais qu'ils y répandent.

Le maître. Malheureusement, il en est ainsi; et, généralement, il n'est pas facile d'y remédier, parce qu'on se trouve bien souvent en face de circonstances contre lesquelles l'homme est impuissant. Il y a cependant moyen d'amoindrir le préjudice qui peut en résulter. Connaissez-vous quelque moyen d'y parvenir?

Joseph. Mon père établit, au bas de ses champs situés sur une pente, de grands fossés où aboutissent des rigoles par lesquelles l'eau s'écoule et vient déverser la terre enlevée.

Le maître. C'est là certainement le meilleur moyen pour ressaisir l'amendement enlevé des parties hautes du champ; mais il y en a encore un autre : c'est de labourer la terre plus profondément qu'on ne le fait habituellement. Le sol, ainsi retourné à fond, absorbe beaucoup plus d'eau, et l'écoulement cesse pour ainsi dire, ou du moins il n'a lieu que lorsqu'il y a des pluies très-fortes et persistantes.

Jean. Mon père a obtenu ces résultats en se servant de la charrue de Schwerz.

Le maître. Cela prouve qu'on a raison de recommander les instruments perfectionnés.

Tout en marchant, le maître et les élèves étaient arrivés près de cette fosse d'argile, où ils s'étaient arrêtés dans leur troisième promenade.

Le maître. Pouvez-vous faire l'application de ce que nous avons dit tout à l'heure à ces différentes couches du sol que vous voyez là à nu? Comment se sont-elles formées?

Georges. L'eau a dû séjourner dans cet endroit, et y a déposé, suivant l'ordre de leur pesanteur, les molécules du sol qu'elles avaient entraînées, car nous voyons du gravier dans la partie inférieure de la fosse, et la terre se trouve dans la partie supérieure.

Le maître. Cela est incontestable; cependant je ne vous dirai pas comment l'eau a pu séjourner sur cette hauteur, parce que cela a eu lieu dans des circonstances restées à peu près inexplicables, et dans un temps où cette contrée avait une nature toute différente et dont nous nous ne pouvons guère nous faire une idée exacte. — Maintenant, avant de nous séparer, je vous ferai encore une dernière remarque. D'après ce que nous avons dit, vous pouvez vous figurer la quantité de terre fertile et d'engrais que les pluies déplacent; elle est immense. Eh bien, il n'y en a qu'une très-faible partie qui soit déposée sur les terrains inférieurs; la plus grande partie est entraînée par les fleuves vers la mer. Il se perd ainsi, chaque année, des milliers et des milliers de francs. Mais la Providence, dans sa bonté, y a pourvu. La désagrégation des pierres sur les montagnes vient compenser cette perte qui, sans cela rendrait bientôt inhabitables certaines étendues de pays; et il se passera encore bien des milliers d'années, avant que la désagrégation n'ait mis les montagnes au niveau des plaines, en sorte qu'on peut être rassuré sur ce point. Le sol trouve en outre une autre compensation dans les débris de végétaux qui se forment chaque année, et qui donnent au cultivateur des matériaux précieux. Celui qui ne négligera rien pour les réunir et les utiliser, trouvera en eux une compensation des détoriations et des pertes que les eaux peuvent lui faire subir.

SIXIÈME PROMENADE.

Le maître, ce jour-là, dirigea ses élèves vers une grande propriété, voisine du village, où il savait qu'on faisait depuis quelque temps des travaux considérables de drainage au moyen de tuyaux en terre.

Tout en cheminant, il expliquait à ses jeunes auditeurs le but de leur excursion, causait avec eux et les interrogeait comme d'habitude.

Le maître. Vous rappelez-vous ce que je vous ai dit de l'influence nuisible que les eaux stagnantes exerçaient sur le sol?

Les élèves. Oh oui; elles s'opposent à l'accès de l'air atmosphérique, qui est indispensable aux racines des plantes, et refroidissent le sol d'une manière très-sensible.

Le maître. Savez-vous quelles sont les causes de ce refroidissement?

Georges. C'est parce que l'évaporation de l'eau abaisse constamment la température du sol.

Joseph. C'est aussi parce que l'air extérieur, qui ne pénètre pas dans le sol, ne peut pas lui communiquer sa chaleur propre.

Le maître. N'avons-nous pas parlé déjà des moyens à employer pour enlever l'excès d'humidité d'un sol?

Jean. Oui; il faut y pratiquer des rigoles et des fossés.

Jacques. On peut aussi, je crois, y établir des canaux souterrains.

Le maître. Oui; et on emploie avec succès, dans ce dernier cas, des tuyaux de terre cuite qui aspirent parfaitement l'eau et en débarrassent le terrain. C'est ce procédé d'assèchement que nous allons étudier.

Ils arrivaient en ce moment sur une pièce de terre où un assez grand nombre d'ouvriers, munis de bêches toutes particulières, étaient occupés à creuser des tranchées étroites et profondes dans le sol. Les uns, tenant en main une bêche très-large, ébauchaient la tranchée et enlevaient à l'aide de cet instrument deux ou trois épaisseurs de terre. Les autres, avec une bêche assez longue et beaucoup plus large, continuaient le travail et le conduisaient plus avant. A ceux-ci en succédaient d'autres encore qui, avec des outils beaucoup plus longs et très-étroits, creusaient le sol à une plus grande profondeur. Venait, enfin, pour donner la dernière main à l'œuvre, un ouvrier muni d'une bêche creuse et très-longue, qui détachait les dernières tranches de terre, de manière à ce que le fond fût d'une largeur à peu près égale au diamètre des tuyaux qu'on voulait poser, et au moyen d'une escope cylindrique, il enlevait la terre détachée et donnait au fond une forme arrondie.

Après avoir examiné pendant quelques moments le travail des ouvriers, le maître et les élèves reprirent leur conversation que la curiosité du spectacle qu'ils avaient devant les yeux avait interrompue.

Jean. Maître, je vois là des tranchées très-étroites et très-profondes ; il y a probablement une utilité à ce qu'elles soient faites ainsi.

Le maître. Cela s'explique par la manière dont l'eau s'écoule. Elle a une tendance à descendre en droite ligne dans la terre. Si elle trouve un écoulement facile au-dessous d'elle, elle abandonne le sol supérieur, qui se sèche très-vite. L'eau qui se trouve dans le sol avoisinant, et qui ne trouve pas d'issue perpendiculaire, s'écoule horizontalement vers la partie desséchée qui se trouve au-dessus de la tranchée, et finit aussi par arriver dans les tuyaux. Ceci expliqué, il est facile de comprendre que plus la ligne d'écoulement sera placée profondément, plus sera grande la portion de terrain dont elle absorbera l'eau. Et il en résulte ceci : c'est que plus on donnera de profondeur aux tranchées, plus on pourra les espacer entre elles.

Jacques. Si on ne plaçait pas les tuyaux à une assez grande profondeur, n'y aurait-il pas à craindre aussi qu'ils ne fussent écrasés par les roues des voitures?

Le maître. C'est là une observation qui mérite d'être prise en considération. On a remarqué aussi que les racines de certaines plantes s'introduisaient quelquefois dans les tuyaux, et cet inconvénient se présente assez rarement quand les tranchées où ils reposent sont profondes. C'est donc encore une raison qui doit engager à creuser profondément le sol.

Georges. Quelle est la profondeur qu'il faut donner aux tranchées pour les établir dans de bonnes conditions?

Le maître. Lorsque le terrain le permet, il faut leur donner au moins un mètre trente centimètres de profondeur.

Georges. Et à quelle distance doit-on les placer?

Le maître. A sept mètres environ. Voyez, du reste: c'est la règle qu'ils ont suivie ici.

Joseph. Tiens, les tuyaux sont déjà placés le long des tranchées; il n'y a plus qu'à les descendre.

Le maître. Eh bien, regarde derrière toi; on y est déjà occupé à les mettre en place. Vois cet ouvrier qui, à l'aide de ce long crochet, fixé à un manche en bois de deux mètres, saisit un tuyau et insère son extrémité dans la partie du manchon précédemment placé qui est encore libre.

Jean. Ce sont donc ces tuyaux plus courts et plus larges que les autres qu'on appelle manchons.

Le maître. Oui; ils servent à relier ensemble les grands tuyaux, afin qu'ils se tiennent bout à bout sans se déranger. On a voulu prétendre dans ces derniers temps que les manchons étaient chose inutile; mais ce n'est point mon avis, et il est toujours bon de les employer.

Jean. Autrefois, pour l'assèchement des terres, on faisait des tranchées qu'on comblait avec des pierres ou des fagots, ce qui évitait la dépense qu'exigent aujourd'hui les tuyaux. Pourquoi a-t-on renoncé à cette méthode?

Le maître. L'explication est facile à trouver. Je vous demanderai d'abord si les tranchées qu'on devrait remplir de pierres pourraient être convenablement faites dans des proportions aussi petites que celles-ci?

Jacques. Non; je crois que cela serait insuffisant.

Le maître De ce côté-là, il y aurait donc déjà une augmentation assez forte dans la main-d'œuvre. Ne faudrait-il pas ensuite amener une grande quantité de pierres pour remplir les tranchées?

Jean. Certainement, et le charroi de toutes ces pierres abîmerait fort le terrain.

Le maître. Sans compter que les frais de transport seraient coûteux, et que les pierres ne se trouvent pas toujours pour rien.

Georges. Tout cela est bien vrai. Ainsi, vous pensez donc, maître, que le drainage au moyen de tuyaux en terre cuite est beaucoup moins coûteux que les autres procédés?

Le maître. C'est mon avis, et je ne me déterminerais à employer les pierres que lorsque le terrain sur lequel j'opérerais me les fournirait lui-même en quantité suffisante. Et, si j'en venais là, je ne voudrais pas faire faire des tranchées aussi larges qu'on a l'habitude de les faire dans ce cas-là. Je les ferais creuser dans les mêmes dimensions que celles-ci et je les remplirais de pierres à la hauteur de 35 à 50 centimètres, selon que j'aurais plus ou moins de pierres à ma disposition. De cette façon la main-d'œuvre ne serait pas plus forte, je n'aurais pas de frais de charroi, mon terrain ne risquerait pas d'être défoncé par les chevaux et les charrettes, et l'écoulement des eaux se ferait peut-être aussi convenablement qu'avec les tuyaux.

Ils se dirigèrent vers une partie du champ où les travaux de drainage étaient terminés depuis deux ou trois jours. Étant arrivés à l'extrémité inférieure d'une tranchée, ils virent l'eau sortir des tuyaux en aussi grande abondance que si elle eût coulé d'une fontaine.

Jean. Oh! comme l'eau s'écoule! Les tuyaux ont dû rencontrer une source.

Le maître. Mais non, il n'y a pas de source. Cette eau que vous voyez était retenue dans la terre, faute d'écoulement. Maintenant les travaux de drainage qu'on a opérés lui permettent de s'infiltrer à une certaine profondeur et de rencontrer les tuyaux qui lui donnent une issue. Il en résultera que ce sol, qui était pour ainsi dire inerte par son excès d'humidité, va prendre une grande activité, parce que l'air atmosphérique pourra y pénétrer et déterminer la décomposition chimique des éléments qui le composent.

Jacques. La chaleur ne pénétrera-t-elle pas aussi plus activement dans le sol?

Le maître. Sans doute ; cela est évident. Et ce sont toutes ces circonstances réunies qui rendent la fertilité aux terrains qu'on a ainsi assainis.

Georges. Est-ce que l'eau coulera toujours en aussi grande abondance?

Le maître. Non ; cela n'aurait lieu que dans le cas où le sol recevrait constamment de nouvelles eaux des terrains supérieurs. Autrement, si l'humidité ne provenait que de l'accumulation des eaux de pluie, l'écoulement cesserait dès qu'elles auraient complétement trouvé une issue à travers les tuyaux.

Jean. L'eau n'entraîne-t-elle pas avec elle une partie de l'engrais que renferme le sol?

Le maître. Cela pourrait arriver si la pluie tombait fréquemment et si les tuyaux n'étaient pas placés à une assez grande profondeur. Dans toute autre circonstance, il est excessivement rare de rencontrer cet inconvénient, parce que la filtration se fait d'une manière lente et que les éléments du sol qui se dissolvent se combinent presque toujours de nouveau avec lui et y restent. D'ailleurs, cette perte dût-elle se produire, elle serait grandement compensée par les avantages immenses que présente le drainage, et on aurait tort de s'en préoccuper.

Joseph. C'est une manière bien facile de transformer de mauvais terrains en bonnes terres.

Le maître. Certainement ; et c'est une chose vraiment impardonnable de ne pas recourir à cette méthode partout où elle peut-être employée.

Jacques. Mais est-ce que chaque cultivateur peut exécuter ces travaux?

Le maître. Je ne dis pas cela. Et pourtant, tout homme, pour si peu qu'il soit intelligent, peut juger de la plus ou moins grande inclinaison d'un terrain et se rendre compte s'il a une pente suffisante pour l'écoulement de l'eau. En tout cas, avec un peu de bonne volonté, le premier cultivateur venu pourra, à l'aide de tuyaux, assécher de petites pièces de terre. Mais pour des champs d'une grande étendue, s'il se trouve embarrassé, il peut recourir aux hommes spéciaux qui ont étudié le drainage et qui ont toutes les connaissances et l'expérience nécessaires pour juger de la situation du sol et pour se rendre compte des causes de l'humidité à laquelle on veut remédier, car c'est là un préliminaire très-important et essentiel pour donner une bonne direction aux travaux.

Jacques. Je voudrais bien posséder toutes ces connaissances; est-ce qu'elles sont difficiles à acquérir?

Le maître. Non; quand le drainage sera plus connu, mieux apprécié et plus généralement pratiqué, elles se vulgariseront partout, et chaque cultivateur pourra facilement résoudre toutes les difficultés qu'il rencontre aujourd'hui dans l'exécution du drainage sur une grande échelle. — Maintenant que je vous ai fait voir sur le terrain les principales opérations du drainage et ses effets, nous allons rentrer au village. Avant de nous quitter, dites-moi si un champ humide et marécageux a une aussi grande valeur qu'un champ sec et de bonne nature.

Jean. Non, certes!

Le maître. Eh bien, supposons qu'un hectare de

bonne terre vaille 3,000 francs, et qu'un hectare de terre humide et marécageuse vaille 600 francs. Quelle sera la différence de valeur en faveur de la bonne terre?

Jacques. La différence sera de 2,400 francs.

Le maître. Mais si ce champ qui ne vaut que 600 francs ne pèche que par un excès d'humidité, qu'arrivera-t-il lorsqu'au moyen du drainage on l'aura asséché? Ne devra-t-il pas être rangé alors parmi les champs de bonne qualité?

Les élèves. Certainement.

Le maître. Il vaudra alors 3,000 fr., selon la base que nous venons d'établir. De combien alors le drainage aura-t-il augmenté sa valeur?

Joseph. De 2,400 francs.

Le maître. Les frais de drainage ne peuvent pas être évalués d'une manière uniforme dans tous les terrains, mais on peut les calculer ici en moyenne à 250 fr.; mettons-les même à 300 fr., et déduisons-les de la plus-value obtenue par le drainage. Quel sera encore le chiffre de l'augmentation de valeur?

Georges. Il restera 2,100 francs.

Le maître. Eh bien, vous pouvez, par ce calcul que nous venons de faire, vous rendre compte des avantages immenses que l'agriculture peut trouver dans le drainage bien appliqué et fait avec intelligence. Et ne trouverez-vous pas une conclusion à tirer de tout ce que nous avons dit?

Jacques. C'est qu'il y a encore beaucoup de choses à apprendre dans les campagnes et beaucoup d'améliorations à introduire dans l'agriculture.

SEPTIÈME PROMENADE.

Quelques affaires appelaient le maître d'école dans une commune voisine. Voulant utiliser au profit de ses élèves le petit voyage qu'il avait à y faire, il les emmena avec lui.

Dès qu'ils furent arrivés sur le territoire de cette commune, il appela l'attention de ses jeunes auditeurs sur l'état des champs et des récoltes qu'ils traversaient.

Ne remarquez-vous pas, leur dit-il, une différence entre les produits de ces terres et ceux de nos champs?

Jacques. Ils ont une bien moindre apparence, et, depuis quelques instants, je me demande d'où cela peut provenir.

Georges. Voyez comme cet épeautre est maigre et mal venu; il ne ressemble en rien au nôtre.

Joseph. Et ces plants de pommes de terre, comme ils sont petits!

Jean. A voir toutes les mauvaises herbes qui croissent autour d'eux, on serait vraiment tenté de croire que ce champ n'a pas de maître.

Le maître. Toutes vos observations sont justes; mais je voudrais que vous pussiez me dire d'où tout cela provient.

Jacques. C'est évidemment parce que ceux à qui appartiennent ces terres ne connaissent pas leur métier.

Jean. Ou bien parce qu'ils sont paresseux.

Le maître. Il y a beaucoup de vrai dans ce que vous venez de dire. L'ignorance et la paresse sont deux des grands fléaux de l'agriculture; mais il y en a d'autres encore.

Joseph. Tiens! voilà une charrue qui n'indique pas qu'on soit très-partisan des améliorations ici!

Le maître. Pourquoi dis-tu cela?

Joseph. Parce que cette charrue-là n'entre pas profondément dans le sol; elle ne peut en attaquer que la superficie, et c'est à peine si la terre est retournée.

Georges. Il est de fait qu'on se moquerait, chez nous, de celui qui se servirait d'un pareil instrument.

Jacques. C'est encore là probablement une des causes du mauvais état dans lequel nous voyons ces récoltes.

Le maître. Oui, c'est encore là une de ces causes,

et vous en trouverez bientôt d'autres, j'en suis certain.

Lorsqu'ils arrivèrent à l'entrée du village, ils apperçurent, dans un des fossés qui bordaient le chemin, une eau noire et bourbeuse qui provenait évidemment de l'écoulement des fumiers. Ce fait frappa les élèves, qui s'étonnèrent d'une pareille incurie. Leur étonnement fut plus grand encore quand, en entrant dans la première rue, ils trouvèrent le sol tellement inondé de purin, qu'ils avaient peine à rencontrer une place sèche qui leur permît de passer sans se mouiller.

Le maître. Voilà encore une des principales causes du mauvais état dans lequel sont les champs que nous venons de traverser.

Jacques. Cela n'est pas difficile à comprendre. Ici, ils engraissent les chemins, et les champs vont chercher où ils peuvent ce qui leur est nécessaire.

Jean. Regardez donc ce tas de fumier. On dirait qu'on l'a arrangé exprès, de façon que la meilleure partie s'en perde dans la rue.

Le maître. Puisque tu critiques si bien et si promptement, indique-moi les défauts que tu crois apercevoir dans l'arrangement de ce fumier.

Jean. On aurait dû le déposer dans une fosse, ce qu'on n'a pas fait. Et comme si ce n'était pas assez mal faire de le mettre au niveau du sol environnant, ils ont été le placer sur un terrain élevé et en pente, en sorte que lorsqu'il pleut le purin s'écoule tout naturellement.

Jacques. Et, outre cela, l'emplacement qu'il occupe est dominé d'un côté, de manière que les eaux qui viennent des terrains supérieurs le traversent, entraînant ainsi avec elles une bonne partie des matières fertilisantes qu'il renferme.

Jean. Si encore ils avaient ménagé en contre-bas une fosse à purin! mais il n'y en a pas l'ombre.

Georges. Et puis le fumier n'est pas étendu; il est jeté en tas irréguliers. Je suis bien sûr qu'on ne l'arrose jamais avec du purin, puisqu'on n'en recueille pas. Dans ces conditions-là, il n'est pas possible que la fermentatiou se fasse convenablement.

Joseph. Et puis, pour qu'il se détériore plus vite encore, il est exposé en plein soleil. Je suis bien certain qu'il est tout blanc et consommé à l'intérieur. Voyons un peu.

Ils se mirent à fouiller dans le fumier avec leurs cannes. Le propriétaire, paysan assez grossier, qui les regardait faire, depuis quelques instants, de l'intérieur de sa maison, sortit précipitamment et leur demanda, d'un ton assez bourru, ce qu'ils avaient à faire dans son fumier.

Georges. Nous voulions voir s'il était en bon état.

Le paysan. Je vous engage à passer votre chemin. Mon fumier ne regarde personne, et encore moins des petits curieux comme vous.

Jacques. Puisque vous nous croyez si curieux, donnez-nous une petite satisfaction, et, sans vous fâcher, dites-nous pourquoi vous placez votre fumier de façon que tout le purin s'en écoule.

Le paysan. Vous êtes bons là, mes petits! Est-ce que vous êtes si naïfs que cela? Eh bien, nous laissons partir le purin parce que c'est la partie la plus nuisible du fumier.

Jean. Mais votre fumier doit se consommer et brûler.

Le paysan. A d'autres, mon petit! Parce qu'il y a du blanc? Mais ce blanc-là que vous voyez dans mon fumier, c'est du salpêtre; c'est ce qu'il y a de meilleur.

Les enfants riaient entre eux et avaient peine à retenir l'envie qu'ils avaient de se moquer de l'ignorance du paysan. Le maître intervint alors dans la conversation et chercha à faire comprendre à son interlocuteur que sa méthode était mauvaise, qu'elle lui faisait perdre la meilleur partie de son engrais.

Le paysan. Est-ce que je vous ai demandé votre avis sur ce que j'ai à faire ou à ne pas faire? Vous me faites l'effet d'un de ces hommes à nouveautés, qui ne connaissent rien à notre métier et qui veulent tout y mettre sens dessus dessous.

Le maître. Pas le moins du monde, mon ami. Mes observations ne touchent qu'à des choses qui sont généralement reconnues aujourd'hui, et je me fais toujours un plaisir de donner de bons et utiles conseils aux cultivateurs.

Le paysan. Eh bien, tant pis pour vous; mais vous serez mal reçu chez nous. Nous tenons tous à nos vieilles habitudes, et ce n'est pas vous qui nous les ferez changer.

Le maître. Si bonnes que vous croyiez vos habitudes, vous avez cependant déjà comparé l'état d'infériorité dans lequel se trouvent vos récoltes vis-à-vis de celles des communes voisines?

Le paysan. Sans doute, nous les avons comparées, et nous savons bien que nos récoltes ne valent généralement que la moitié de celles de nos voisins; mais nous savons aussi qu'ils épuisent leurs terres, eux, tandis que nous ménageons les nôtres et que nous leur conservons une meilleure valeur.

Le maître. Si vous avez de semblables idées, mon ami, je ne chercherai pas davantage à vous convaincre. Allons, mes enfants, venez et continuons notre route.

Le paysan. Et vous ferez bien de la continuer votre route, car vous ne serez pas bien reçu ici avec toutes vos belles paroles. Nous ne sommes pas si bêtes, qu'on puisse se moquer de nous; aussi bien, nous n'avons pas été vous chercher.

Nos promeneurs s'éloignèrent, en effet, sans répondre au paysan, mais en laissant éclater librement les rires qu'avait provoqués sa grossière et vaniteuse ignorance. Le maître entra dans une maison où l'appelaient les affaires qui avaient déterminé ce petit voyage. Quand il eut terminé, il vint rejoindre ses élèves, et, tous ensemble, ils reprirent le chemin de leur village, tout en s'entretenant de la conversation qui avait eu lieu entre eux et le paysan.

Le maître. Vous avez pu juger, mes enfants, jusqu'où l'ignorance, mêlée à l'orgueil et à la présomption, peut conduire un homme. Ce paysan peut être brave, honnête et actif, mais il est tellement attaché à la routine, qu'il ne peut ni comprendre, ni adopter une amélioration quelconque.

Georges. Mais qu'est-ce qu'il voulait dire quand

il prétendait que, si leurs récoltes n'étaient pas si abondantes que chez nous, leurs champs restaient du moins en meilleur état?

Le maître. Ce qu'il disait est tout bonnement une grosse absurdité, et c'est sans doute pour se consoler du maigre état de ses récoltes qu'il l'a inventée. Il se figure que les grosses récoltes épuisent la terre et lui ôtent de sa valeur, tandis qu'en récoltant moins, on laisse à la terre une partie de son amélioration et qu'on lui donne conséquemment une plus-value. J'ai dit que c'était une absurdité; savez-vous pourquoi?

Jacques. C'est qu'on fume un champ pour transformer l'engrais en produits et non pas pour le laisser à la terre.

Le maître. Peut-on d'ailleurs emmagasiner du fumier dans un champ ?

Joseph. Cela n'est possible que pour les parties non volatiles qui le composent, et encore sont-elles souvent entraînées par les eaux de pluie à une grande profondeur, suivant la plus ou moins grande perméabilité du sol. Quant aux substances volatiles, elles finissent toujours, après un temps plus ou moins long, par retourner dans l'air.

Le maître. Cela est très-vrai ; et il en résulte que pour qu'un champ se trouve dans un état d'amélioration permanente, il faut qu'il soit constamment entretenu d'engrais. Mais songer à accumuler le fumier dans un terrain comme un avare accumule des écus dans son coffre, c'est une folie, une absurdité, ainsi que je vous le disais tout à l'heure.

Georges. Vous nous avez, du reste, déjà enseigné qu'il y avait grand profit pour le cultivateur à transformer le plus tôt possible son engrais en produits.

Le maître. C'est très-juste ; mais je vous ai indiqué aussi une autre règle.

Jean. Vous nous avez dit que le profit du cultivateur était d'autant plus grand qu'il pouvait conduire plus de fumier sur ses champs.

Le maître. Si ces principes sont exacts, que doit faire alors un cultivateur intelligent ?

Jacques. Il doit chercher à obtenir le plus de fumier possible et à lui donner tous ses soins.

Jean. Il doit par conséquent avoir autant de bêtes qu'il pourra en entretenir.

Le maître. Et comment nourrira-t-il son bétail?

Joseph. Il devra cultiver du trèfle, des racines et des pommes de terre.

Le maître. Avez-vous remarqué quelques-unes de ces cultures sur le territoire de la commune que nous venons de quitter ?

Georges. Non ; sauf quelques champs de pommes de terre, nous n'avons vu que des grains de diverses sortes et des jachères.

Le maître. Eh bien, voyez les conséquences de ce système de culture basé sur la jachère. La terre en jachère ne donnant de fourrages d'aucune sorte, les prairies naturelles n'étant pas généralement assez étendues, il en résulte que le cultivateur ne peut entretenir un nombre suffisant de bêtes pour produire le fumier dont il a besoin. Si vous ajoutez à cet inconvénient le gaspillage du peu de fumier qu'on possède, ainsi que nous avons pu le remarquer tout à l'heure dans la commune d'où nous sortons, vous comprendrez pourquoi il y a tant de cultivateurs qui deviennent pauvres et restent toujours pauvres, sans qu'ils s'expliquent pourquoi ils ne réussissent pas.

Jacques. Heureusement, il n'en est pas ainsi chez nous.

Le maître. C'est très-heureux, en effet ; mais il y a cependant encore bien des améliorations à y introduire, et tenez pour règle que lorsqu'on a fait un premier pas dans une bonne voie, il ne faut pas s'arrêter, mais poursuivre son chemin jusqu'à ce qu'on soit arrivé complétement au but. — Je n'ai pas voulu interrompre la question qui nous occupait tout à l'heure quand nous avons rencontré le troupeau de bétail de ces gens-là qui revenait de la pâture ; mais je vous demanderai maintenant si vous n'avez pas fait quelques remarques à ce sujet.

Georges. Nous avons vu que ces animaux étaient presque tous d'une grande maigreur, ce qui indique qu'ils sont soumis à un mauvais régime.

Le maître. Est-ce que nous avons l'habitude d'envoyer nos bêtes pâturer dans nos champs?

Jean. Non ; chez nous on les nourrit à l'étable.

Joseph. Et c'est à cela que nous devons leur belle apparence.

Le maître. Sans doute ; et vous voyez là encore un des graves inconvénients de la jachère. Ne cultivant pas de fourrage, ces pauvres gens sont réduits à envoyer leurs bêtes chercher une maigre nourriture dans les champs. C'est ainsi que le mal engendre le mal, et il arrive ceci : c'est qu'un beau jour, les cultivateurs qui suivent la vieille routine et qui se refusent obstinément à introduire des améliorations dans leurs cultures, quelles que soient d'ailleurs leur activité et leur économie, sont ruinés sans ressource.

Jacques. On s'en aperçoit bien déjà dans le village d'où nous sortons ; tout y a l'air pauvre et misérable.

Georges. Le fait est qu'il y a une grande différence avec ce que nous voyons chez nous.

Le maître. Cela tient tout simplement à ce que nous avons commencé à introduire des améliorations dans notre pratique, et c'est un enseignement qui doit nous encourager à continuer dans la voie du progrès. Je dois cependant vous prémunir contre un écueil d'un autre genre. Au milieu des bonnes choses il s'en trouve souvent de mauvaises. On vous proposera souvent des innovations mal étudiées, mal conçues qui, si vous les adoptiez, seraient quelquefois aussi nuisibles que l'est la routine. Le meilleur moyen d'éviter les fâcheuses conséquences de semblables innovations, c'est de vous habituer toujours à vous rendre compte des causes des faits qui se produisent et des effets qu'ils peuvent avoir. C'est pour vous mettre en position de bien juger de tout cela que je vous donne mes leçons. Continuez à y assister avec assiduité et à m'écouter ainsi que vous l'avez fait jusqu'à ce jour, et vous en retirerez des fruits salutaires pour l'avenir. Vous ne serez pas exposés plus tard à provoquer les moqueries de ceux qui vous entendront, ainsi que le faisait tout à l'heure ce malheureux paysan ; et, d'un autre côté, vous éviterez de vous laisser entraîner à des extravagances mises en avant par quelque ignorant écervelé, ou prônées par le bavardage intéressé d'un charlatan.

HUITIÈME PROMENADE.

Le maître. Vous rappelez-vous encore, mes enfants, ce que je vous ai dit déjà sur l'établissement d'une bonne fosse à fumier?

Les élèves. Oh ! maître, nous ne l'avons certainement pas oublié.

Georges. Mon père vient d'en établir une, et il remarque déjà que son fumier se bonifie. C'est tout bonnement un trou creusé dans la terre ; sur l'un des côtés on a pratiqué un autre trou en communication avec le premier et où le purin vient s'accumuler. De cette façon nous avons toujours le purin à notre disposition, soit pour arroser le fumier, soit pour arroser les plantes de nos

6

champs. Cette fosse n'est pas très-grande, mais elle suffit de reste à notre petite exploitation.

Le maître. Je sais bien que vous n'avez pas beaucoup de terres et que vous ne comptez pas précisément parmi les personnes riches de la commune; mais cela importe peu. Ton père appartient à la classe de ces cultivateurs intelligents, qui conservent précieusement le peu qu'ils ont, qui traitent leurs champs avec d'autant plus de soins qu'ils en ont moins, et qui obtiennent beaucoup plus de leurs terres que certains riches qui négligent les leurs. Je suis très-content que ton père ait cherché à améliorer son fumier. Et à ce propos je vous dirai, mes enfants, qu'il n'est pas absolument nécessaire de construire de grandes fosses murées avec des citernes et des pompes à purin. Sans doute, celui qui a de l'argent peut en faire établir dans ces conditions-là ; mais, avec très-peu de frais, on peut en faire soi-même qui rendront les mêmes services. Je suis toujours contrarié quand je vois qu'on reste inactif et quand j'entends dire : « Le riche peut faire cela, mais moi je n'en ai pas les moyens. » Pour l'emplacement du fumier, il ne faut que peu d'argent, et souvent on peut s'en passer. Et quand on serait forcé d'en emprunter, l'opération n'en serait pas moins bonne, car on aurait bientôt regagné la dépense.

Georges. C'est ce que mon père a déjà parfaitement reconnu; aussi est-il bien aise que l'on m'ait appris à l'école ce qui concerne l'amélioration des engrais, car c'est en lui parlant de nos leçons que l'idée lui est venue d'essayer des conseils qu'elles renferment.

Jacques. Autrefois, il nous fallait acheter du fumier et nous laissions perdre le purin. Mais depuis que nous connaissons sa valeur comme engrais, nous dépensons moins d'argent et nous obtenons malgré cela de meilleures récoltes.

Le maître. J'entends cela avec grand plaisir. Mais depuis que je vous ai éclairés sur l'établissement de fosses à fumier, on a trouvé une amélioration importante qu'on commence à appliquer dans la ferme de M. Michel. C'est pour cela que je vous ai amenés de ce côté, afin que vous pussiez vous rendre exactement compte de cette innovation.

Ils arrivèrent bientôt à la ferme du riche cultivateur, et, là, le maître fit arrêter les élèves devant une fosse carrée, d'environ dix pieds de profondeur, maçonnée de tous côtés. Sur un des points il y avait une pompe destinée à l'extraction du purin. La fosse n'était pas encore utilisée, en sorte qu'on pouvait voir dans les murs latéraux, à un mètre 40 centimètres du sol, une retraite d'environ 30 centimètres, sur laquelle on avait établi des poutres qui devaient servir de plancher au fumier. En outre, divers conduits, servant d'égouts aux étables, aboutissaient dans la fosse où ils amenaient les urines des animaux.

Le maître. Ne remarquez-vous pas une différence entre cette fosse à fumier et celles que vous voyez ordinairement?

Jacques. Mais oui, il y a une différence, car le fumier se place habituellement sur le sol, et le purin est recueilli dans un trou placé à côté de la fosse et creusé plus profondément; nous ne voyons pas cela ici.

Joseph. Je remarque aussi que cette fosse est très-profonde, ce qui permet de lui donner moins d'étendue, et cela est très-avantageux quand on n'a pas un grand emplacement.

Georges. Je vois aussi que le purin se trouve ici juste au-dessous du fumier, et il doit en résulter que sa vapeur ne peut pas se perdre dans l'air, parce que le fumier, qui se trouve placé au-dessus, l'absorbe de nouveau.

Le maître, Qu'entends-tu par cette expression : la *vapeur?*

Georges. La vapeur contient l'ammoniaque et l'acide carbonique qui se développent par la fermentation du purin. Si l'on n'a pas soin de les retenir d'une manière quelconque, une partie importante des meilleurs éléments de l'engrais se perd dans l'air.

Le maître. On cherche aussi à retenir ces matières en recouvrant le fumier de terre ou de plâtre. Bien que, à mon avis, on doive employer également ce moyen sur les nouvelles fosses à fumier, j'avoue cependant qu'il y a un avantage incontestable à voir l'ammoniaque entrer dans le fumier au lieu de s'évaporer et de se perdre dans l'air, ainsi qu'il arrive trop souvent. Mais ce nouveau mode de fosses à fumier présente encore sur les anciens un avantage tout particulier et très-important. Qui de vous peut me l'indiquer?

Aucun des élèves ne répondit à la question du maître.

Le maître. Au fait, vous ne pouvez pas le savoir, et je vais vous le dire. Quand on a une fosse à part pour le purin, elle n'a généralement pas une aussi grande étendue que celle-ci, qui sert en même temps au fumier. Elle ne peut donc pas contenir autant de purin; et lorsque la fosse est pleine, il faut la vider afin qu'elle ne déborde pas. Il arrive souvent, en ce moment-là, qu'on n'a ni le temps de faire cette opération, ni l'emploi du purin. Par ce nouveau mode, au contraire, on peut amasser dans la citerne plusieurs centaines de tonnes de purin; en sorte qu'on peut l'employer quand on le veut et en temps opportun, selon les besoins des diverses plantes. Et c'est-là, je vous le répète, un avantage important; car autrement on est obligé bien des fois, faute d'espace, d'enlever le purin alors qu'on n'en a pas l'emploi convenable.

Georges. Oui; mais cet avantage est réservé aux hommes riches qui avec leur argent peuvent faire maçonner ces fosses et y ajouter tous les autres accessoires.

Le maître. Ta réflexion est très-juste, Georges; mais cependant, sans être forcé de faire d'aussi grandes dépenses, on pourrait peut-être arriver à établir des fosses semblables, quant à leur disposition. Ainsi, si le petit cultivateur trouvait pour placer sa fosse à fumier un sol imperméable, il arriverait facilement au but. Il creuserait très-profondément sa fosse; il garnirait le pourtour de la partie inférieure, destinée au purin, de pieux et de tresses d'osier qui ont une bonne durée. Il appuierait sur la tête de ces pieux quelques pièces de bois destinées à soutenir le fumier, et il donnerait à la partie supérieure de la fosse une certaine inclinaison. S'il ne voulait pas acheter de pompe, il suffirait de laisser sur le côté une ouverture qui permît de puiser le purin. De cette façon, et presque sans dépense, on arriverait à avoir une fosse qui, comme effet, ne différerait pas de celle qui est là devant nous.

Après avoir examiné encore quelques instants cette nouvelle fosse à fumier, ils quittèrent la ferme et se dirigèrent vers la campagne.

Jacques. Voyez donc le beau champ d'épeautre. Les tiges ont au moins trente centimètres de plus que celles des champs voisins, et les épis ont le double de longueur.

Le maître. Savez-vous pourquoi cet épeautre est si beau ?

Joseph. C'est parce qu'il est semé en lignes.

Le maître. Cela y est bien pour quelque chose, mais ce n'est pas tout; c'est parce que le champ a été sarclé au printemps, absolument comme on sarcle d'autres plantes.

Jacques. Mais cependant on ne sarcle pas ordinairement les céréales.

Jean. Mon père dit que cela coûte beaucoup trop cher.

Le maître. Je le sais bien ; mais cela n'empêche pas que si je cultivais une céréale d'hiver, je la sèmerais en ligne en automne, et qu'au printemps je la ferais sarcler. On sarcle bien d'autres plantes qui ont moins de valeur que les céréales.

Joseph. Mais pourquoi le sarclage favorise-t-il la pousse ?

Le maître. L'explication est facile à donner, et je vais tâcher de vous la faire comprendre. Quelle couleur a le sol au printemps, lorsqu'il a bien été pénétré par la gelée et qu'il s'est séché après?

Georges. Il est ordinairement blanchâtre.

Le maître. N'avez-vous pas remarqué aussi qu'il se trouve à la superficie une terre très-fine qui le recouvre comme une membrane, mais d'une nature pulvérulente?

Jacques. Oui, j'ai fait cette remarque, et cette espèce de membrane se compose d'une poudre presque homogène.

Le maître. D'où vient cette poudre? Ou plutôt dites-moi ce qui arrive généralement à la partie superficielle du sol qui est exposée à l'action de l'air et de la gelée.

Georges. Elle subit une désagrégation.

Le maître. Qu'entends-tu dire par là?

Georges. La gelée a séparé les particules les plus fines de la terre; alors l'oxygène de l'air a agi sur elles, les a rendues solubles et propres à la nourriture des plantes.

Le maître. Eh bien, mes enfants, quand on se rend compte des effets de la désagrégation, on peut s'expliquer l'action bienfaisante du sarclage au printemps. En effet, si la couche désagrégée reste à la superficie du sol sans qu'on y touche, elle ne peut pas pénétrer jusqu'aux racines et elle reste sans valeur. Mais si au contraire on la mêle intérieurement au sol, tous les éléments d'engrais soluble que la désagrégation a préparés y pénètrent et servent à la nourriture des plantes.

Jean. Cependant, cette couche est tellement mince, qu'il est bien difficile de croire qu'elle puisse produire d'aussi grands effets.

Le maître. Son action, dans tous les cas, est plus grande que celle du plâtre, et on ne peut nier la valeur de celui-ci. Cette action, à mon avis, est due à ce que la désagrégation rend la potasse et l'acide phosphorique solubles, et que les céréales d'hiver réclament absolument ces substances pour former un grain bien robuste. Et cette qualité doit être surtout recherchée aujourd'hui que le grain est apprécié d'après son plus ou moins grand poids.

Jean. Alors, si le sarclage est si utile, cela prouve une fois de plus que les cultivateurs peu aisés sont dans une condition relativement plus mauvaise que les cultivateurs riches ; car, ne pouvant pas se procurer les instruments nécessaires pour faire leur semis en lignes, ils ne peuvent pas recourir au sarclage.

Georges. Cette raison-là ne me paraît pas très-bonne. Si on n'a pas de machine pour semer en lignes, et si on emploie comme à l'ordinaire le semis à la volée, il me semble qu'on peut rompre aussi facilement la croûte supérieure du sol avec un râteau qu'avec un sarcloir. Cette méthode, qui n'est pas très-pénible, ne doit pas demander beaucoup de temps.

Le maître. Tu as parfaitement raison, et je suis sûr que ceux qui l'essaieront s'en trouveront fort bien. Du reste, pour semer en lignes, il n'est pas rigoureusement nécessaire d'avoir une machine à sa disposition. On peut très-bien s'en passer, surtout dans les petites pièces de terre. L'un des points les plus importants de l'ensemencement en lignes consiste dans le placement des grains dans la terre à une égale profondeur, ce qui favorise le talage de la plante et le développement de l'épi. Eh bien, il y a plus d'un moyen pour obtenir ce résultat; il y a entre autres la corne à semer.

Joseph. Qu'est-ce qu'une corne à semer?

Le maître. C'est un vase en fer-blanc dans le genre d'un arrosoir, mais dont le diamètre se rétrécit en descendant vers la base. De même que l'arrosoir, ce vase possède à sa base un tuyau qui est plus ou moins étroit, selon la grosseur du grain qu'on veut semer. On y met de la graine, et on sème, soit dans la gouttière entre deux sillons de charrue, soit dans le sillon même.

Joseph. Je voudrais bien avoir une de ces cornes à semer; je m'en servirais pour semer toutes les céréales de mon père.

Le maître. Ce n'est pas chose difficile à se procurer, car elle coûte peu, et il n'est pas de cultivateur qui, avec un peu de bonne volonté, ne puisse faire cette acquisition. Pour vous engager à déterminer vos parents à adopter ce petit instrument, je vais vous expliquer en détail, et les preuves sous les yeux, les avantages sérieux que présente l'ensemencement en lignes. Mais avant de commencer cette explication, vous allez examiner avec attention les champs les plus rapprochés, afin de bien déterminer la différence qui peut exister dans l'apparence des récoltes obtenues par le semis en lignes et de celles qui ont été semés à la volée.

Les élèves s'éparpillèrent dans les champs voisins.

Dix minutes après, ils étaient réunis de nouveau près du maître qui les avait attendus sur la lisière de deux champs contigus dont l'un avait été semé en lignes et l'autre d'après la méthode ordinaire.

Le maître. Dans la petite excursion que vous venez de faire, vous avez dû rencontrer quelques morceaux de terre où on a semé le grain en lignes. N'avez-vous pas remarqué de différence entre leur récolte et celle des terrains semés à la volée?

Jacques. Oui; sur les champs dont la semence a été jetée à la volée, nous avons vu que la paille était inégale, que des épis étaient très-courts, d'autres plus longs et tous généralement d'une grandeur différente. Sur les champs semés en lignes, au contraire, les tiges sont également hautes et les épis sont d'une longueur uniforme.

Le maître. Les observations que vous avez faites sont très-justes, et je vais vous expliquer la raison de cette différence que vous avez constatée. Dans ce champ-ci, qui a été ensemencé à la volée, il y a, comme dans ceux que vous avez parcourus tout à l'heure, des tiges et des épis de grandeur et de longueur différentes. Déchaussez un peu la racine de quelques tiges courtes et de quelques autres plus longues.

Jean. Les racines des tiges courtes sont faibles et se tiennent à la superficie du sol, tandis que les racines des tiges plus hautes sont beaucoup plus fortes et plus vigoureuses et sont enfoncées de plusieurs pouces dans la terre.

Le maître. Examinez maintenant la position des racines des tiges de la récolte de cet autre champ qui a été semé en lignes.

Jacques. Ici tous les plants sont profondément

enfoncés dans la terre et toutes les racines sont vigoureuses.

Le maître. Eh bien, comprenez-vous maintenant la raison de cette inégalité que vous avez remarquée dans les tiges et dans les épis? Quand, après avoir ensemencé un champ à la volée, on y fait passer la herse, elle laisse certains grains à la superficie du sol, tandis qu'elle en enfouit d'autres très-profondément. On ne s'en aperçoit guère dans le principe, parce que la récolte pousse assez régulièrement jusqu'à la formation de l'épi; mais, à ce moment là, on est frappé de l'inégalité qui se produit dans la pousse, et, plus tard, quand le cultivateur se rend compte des produits qu'il a obtenus, à moins d'être aveuglé, il voit ce que lui coûte la vieille méthode d'ensemencement.

Georges. Mais nous n'employons pas la herse pour recouvrir la semence, nous avons recours à un labour superficiel.

Le maître. Ce moyen vaut mieux sans doute que la herse; mais ses résultats sont loin d'être aussi favorables que ceux que peut donner l'emploi d'une machine à semer ou de la corne dont nous parlions tout à l'heure, qui toutes deux déposent directement dans le sillon la semence, qui est recouverte ensuite uniformément par la terre qu'on rejette en traçant le sillon suivant.

Philippe. Voilà ici un autre champ d'épeautre qui n'a pas été semé en lignes et qui est cependant plus beau que les autres. Les tiges sont moins serrées et les épis sont un peu plus forts que ceux des champs voisins. D'où cela peut-il provenir?

Jacques. Je vais te le dire, moi, car ce champ nous appartient. Cela vient de ce que nous y avons fait passer la herse au printemps. Mon oncle était venu chez nous à cette époque-là, et il nous a conseillé un hersage. Mon père a suivi son conseil ; mais il l'avait presque regretté immédiatement après. L'aspect du champ était tellement triste alors, que nous croyions tous la récolte perdue.

Le maître. Le hersage pratiqué au printemps est aussi une bonne chose ; seulement, quand on ne s'y entend pas, on s'expose à arracher beaucoup de plantes. C'est sur les champs ensemencés après le labour d'automne qu'on peut l'employer le plus convenablement; mais on doit, en tout cas, faire en sorte d'atteler la herse de telle façon que ses dents n'entrent pas très-profondément dans la terre.

Jacques. Mon oncle nous avait fait la même recommandation, et nous l'avons suivie. C'est à cela qu'il faut attribuer les bons résultats que nous avons obtenus.

Jean. Tout cela est bien vrai ; et cependant cet épeautre qui est là derrière nous et qui a été sarclé est encore plus beau.

Le maître. Cela provient de ce que le sarcloir fait un travail beaucoup plus régulier que celui de la herse; mais faisons quelques pas, et je vous montrerai un épeautre beaucoup plus beau encore que ceux que nous avons vus. Tenez, le voici... Comment le trouvez-vous?

Jacques. Il est en effet très-beau ; les tiges sont d'une hauteur égale et les épis sont longs et bien fournis.

Le maître. On a obtenu ce résultat en répandant sur ce champ, au printemps, de la farine d'os acide. Pouvez-vous m'expliquer d'où provient dans ce cas la puissance de cette substance?

Jean. C'est que l'épeautre, pour la formation de son grain, a besoin de farine d'os ou de phosphate de chaux.

Le maître. Ce que tu me dis là est fort juste, mais cela ne répond pas tout à fait à la demande que je t'ai faite. J'aurais voulu que l'un d'entre vous m'expliquât pourquoi on se sert d'os réduits en poudre très-fine plutôt que de les employer moulus grossièrement. Vous ne le savez pas, n'est-ce pas? Eh bien je vais vous le dire. Si vous aviez à mêler de l'eau avec du gros sable ou de la terre fine, est-ce le sable ou la terre qui se mélangerait le mieux?

Philippe. C'est évidemment la terre.

Le maître. Sans doute. Eh bien, il en est de même pour les os pulvérisés. Plus leur poudre est fine, plus l'eau a de facilité à les dissoudre, et plus leur action est puissante et rapide.

Jacques. Mais qu'est-ce qu'on entend par farine d'os acide?

Le maître. La farine d'os acide est un mélange d'os pulvérisés et d'acide sulfurique, ou huile de vitriol, selon le terme commun; et voici l'effet de ce mélange. L'acide sulfurique ayant plus d'affinité pour la chaux que l'acide phosphorique, ce dernier reste libre et est saisi plus facilement par l'eau qui l'entraîne vers les racines des plantes, où son activité se fait sentir.

Jacques. D'après cela, je vois que lorsqu'on veut

une action prompte, il est bon d'employer la farine d'os acide.

Le maître. Vous avez le résultat devant vos yeux. Souvent on l'emploie en automne, et on peut se dispenser alors d'y joindre de l'acide; il est bon, néanmoins encore, dans ce cas, qu'elle soit réduite en poudre très-fine.

Georges. Mais pourquoi est-il généralement nécessaire de fournir à part de l'acide phosphorique au sol? Est-ce qu'il ne se rencontre pas également dans tous les terrains?

Le maître. Tu soulèves là une grosse question. L'acide phosphorique ne se trouve en quantité suffisante que dans quelques terrains; et comme il est essentiel aux plantes, lorsqu'elles ont de la peine à le rencontrer, elles restent maigres et chétives. Les céréales, le foin, les navets, par exemple, en absorbent une plus grande quantité que n'en fournit le fumier répandu sur le champ, et il s'ensuit que cette substance nutritive principale finit par manquer. Cela explique comment, dans certaines contrées les céréales ne réussissent plus aussi bien et donnent un produit défectueux, sous le rapport du poids principalement. Pour obvier à cet inconvénient, il faut donner de l'acide phosphorique au terrain, et, dans ce but, on emploiera avec succès le guano, qui en contient beaucoup. C'est à cette qualité qu'il faut attribuer les bons effets de cet engrais.

Jacques. J'ai entendu dire que le guano employé en trop grande quantité faisait verser les récoltes.

Le maître. Cela est vrai, et je vais vous expliquer comment cela se fait. Vous rappelez-vous quelles sont les principales substances qui composent le guano?

Jean. Nous ne l'avons point oublié : le guano contient principalement de l'ammoniaque et de l'acide phosphorique.

Joseph. Et l'ammoniaque et le guano sont deux des substances nutritives principales des plantes.

Le maître. Oui; mais l'action qu'ils exercent l'un et l'autre sur les plantes produit des effets tout à fait différents. L'ammoniaque agit sur l'absorption du carbone qui, lui-même, pousse au développement de la tige et des feuilles, mais sans leur donner la force dont elles ont besoin. La plante ne se fortifie que lorsqu'elle a absorbé de la silice ou de la chaux, ou d'autres substances minérales, parmi lesquelles il faut compter l'acide phosphorique. L'action de l'ammoniaque renfermé dans le guano est excessivement puissante, et elle se produit avec une rapidité telle, dans la croissance de la tige et des feuilles, que la plante ne peut pas absorber assez à temps les substances minérales qui doivent la fortifier. L'acide phosphorique notamment a une action très-lente. Il active et fortifie, il est vrai, le développement de la plante, mais ses effets sont moins immédiats que ceux de l'ammoniaque.

Joseph. Il résulte de ce que vous venez de nous dire que l'ammoniaque et l'acide phosphorique ont chacun un rôle important et tout à fait distinct. Cela ressemble un peu à ce qui se passe dans une ruche, où une partie des abeilles construit les cellules, tandis que l'autre partie est chargée de les remplir de miel.

Le maître. La comparaison que tu fais m'indique quetu as bien comprisla distinction qui existe entre les propriétés des deux substances dont je viens de vous entretenir. Dans l'application, les conséquences à tirer de là sont bien simples. C'est au cultivateur intelligent qu'il appartient d'apprécier quels sont ses besoins, afin d'employer utilement les deux éléments principaux du guano. Quand un champ contient encore assez d'ammoniaque, il faut bien se garder d'y en ajouter; autrement, on provoquerait une surabondance de croissance qui ferait verser la plante et nuirait plus tard au rendement du grain. Dans cette situation, si on veut avoir une bonne récolte, c'est le cas de répandre de la farine d'os sur le terrain. Si, au contraire, on juge que le champ ne possède plus assez de vigueur, c'est-à-dire que l'ammoniaque n'y est plus en quantité suffisante, on aura recours au guano; et dans ce cas on fera bien encore d'y ajouter de la farine d'os, parce qu'en augmentant la vigueur du sol, il est bon d'augmenter la somme des éléments qui doivent concourir à la formation du grain.

Jacques. Quand on ne connaît pas toutes les propriétés particulières des divers engrais et amendements, et qu'on les achète au hasard pour les jeter sur les terres, on doit être trompé bien souvent dans les résultats qu'on en attend et subir même quelquefois de grandes pertes.

Le maître. Cela arrive bien souvent, en effet. Les engrais concentrés peuvent être comparés à des médicaments très-puissants et très-actifs. Employés avec intelligence et convenablement, ils font grand bien; dans les mains de gens inexpérimentés, ils sont au contraire l'occasion de grands maux.

Georges. Je sais bien sur quels champs le mélange de guano et de farine d'os produirait de bons effets.

Joseph. Sur lesquels donc?

Georges. Sur les champs de trèfle retournés et ensemencés en épeautre. J'ai souvent remarqué que, pour peu que le temps ne fût pas très-favorable, ils restaient en arrière et que leur produit en grain était beaucoup moindre que sur des champs bien fumés.

Le maître. Cela est parfaitement juste.

Georges. Je vais le dire à mon père et l'engager à faire un essai. Les frais ne sont pas très-grands, et, si la chose réussit, nous en retirerons de grands avantages.

Le maître. L'entretien que nous venons d'avoir a dû vous faire comprendre combien il importe que le cultivateur apprenne à connaître les substances qu'il emploie pour l'amélioration du sol qu'il exploite et les qualités propres à chacune d'elles. C'est ainsi seulement qu'il pourra vraiment les utiliser et en obtenir les avantages qu'ils peuvent donner. J'espère, mes enfants, que vous ne l'oublierez pas plus tard quand vous serez appelés à cultiver vous-mêmes vos champs.

NEUVIÈME PROMENADE.

Par une belle soirée de printemps, le maître et les élèves firent une nouvelle excursion dans les champs. Les épeautres commençaient à taler, les tiges des seigles se montraient déjà, et l'orge, nouvellement levée, avait un aspect verdoyant qui réjouissait l'œil. Nos promeneurs passèrent près d'un terrain sur lequel on semait du trèfle. Bien que les élèves eussent souvent été témoins de cette opération, le cultivateur y procédait avec une telle régularité dans tous ses mouvements et dans la manière dont il jetait la semence, qu'ils s'arrêtèrent pour examiner la superficie du sol; et ils purent se convaincre que la graine était parfaitement répartie sur tous les points du terrain.

Le maître. Vous ne paraissez pas vous étonner de voir cet ensemencement aussi bien fait ; et cependant vous pouvez constater là un progrès qui ne remonte pas à une date très-éloignée. Il n'y a pas très-longtemps encore, on rencontrait peu de cultivateurs qui fussent en état de bien semer eux-mêmes leur trèfle. Je vous dirai plus, c'est qu'il y a cent ans à peine, la culture du trèfle, que vous voyez si prospère aujourd'hui dans la plupart des communes de notre pays, y était complétement inconnue alors. L'assolement était divisé en trois portions : l'une recevait une semence d'hiver, l'autre une semence d'été, et la troisième restait en jachère, c'est-à-dire qu'on lui donnait deux ou trois labours pendant l'été, et que le seul fruit qu'on en retirait était de faire pâturer par les moutons les mauvaises herbes qui y croissaient. On ne cultivait ni la pomme de terre, ni la betterave, ni les autres racines, si utiles de nos jours pour l'alimentation des animaux domestiques, et on ne pouvait véritablement entretenir du bétail que là où existaient des prairies naturelles. Ces graves inconvénients frappèrent quelques hommes intelligents ; ils reconnurent les obstacles qui s'opposaient à la prospérité de l'agriculture et ils résolurent d'y porter remède. Ils avaient devant eux l'exemple de quelques localités qui, sans qu'on puisse trop en connaître la raison, avaient abandonné le vieux système triennal et avaient ainsi obtenu des succès persistants dans les résultats de leur nouvelle pratique. Ils attribuèrent à juste titre à la difficulté de nourrir des bêtes en nombre suffisant, et, comme conséquence, au manque d'engrais, l'état déplorable dans lequel se maintenait l'agriculture; et poussés, sous cette inspiration, dans la voie des améliorations agricoles, ils s'occupèrent tout d'abord de la culture du trèfle, puis ensuite de celle des racines. Parmi ces hommes, je vous citerai en premier lieu Schubart, de Clèves, parce qu'il fut le plus connu; puis, après lui, Guggemus, dans le Palatinat, et le pasteur Mayer, dans le Wurtemberg. Celui-ci s'est notamment occupé d'une manière toute particulière du plâtre comme engrais. Mais je vois que je me suis écarté de la question qui m'occupait quand j'ai commencé à vous parler. Pour revenir à l'ensemencement du trèfle, je vous dirai que dans les dix premières années qui ont suivi l'introduction de cette culture, il n'y avait pas un cultivateur qui osât se hasarder à semer cette graine. Cette opération était faite par des hommes qui en faisaient métier, et qui parcouraient le pays, présentant partout ce travail comme très-difficile et se faisant en conséquence très-largement rétribuer.

Jacques. Il fallait que les cultivateurs de cette époque fussent bien simples et bien crédules, pour croire ainsi ce que leur disaient ces gens-là.

Le maître. Il ne faut accuser ni leur crédulité, ni leur simplicité, mais bien la conscience qu'ils avaient de leur inhabileté. Ils n'avaient connu jusqu'alors que l'ensemencement des céréales, et ils n'osaient pas, par prudence, entreprendre de semer le trèfle, opération qui demande réellement des soins plus délicats.

Jean. En tout cas, nous n'en sommes plus là aujourd'hui.

Le maître. Certainement; nous avons fait beaucoup de progrès. Et cependant combien de choses encore les cultivateurs ignorent, qu'ils devraient connaître! Mais ne nous écartons pas davantage de notre sujet, et dites-moi, si vous le savez, pourquoi on sème le trèfle dans une récolte de céréales.

Philippe. C'est parce qu'on gagne ainsi le temps nécessaire à son premier développement, pendant lequel il est complétement improductif; en sorte que lorsqu'on coupe les grains, sa croissance est déjà assez avancée.

Le maître. C'est bien cela. Et dans quelle espèce de céréales est-il plus convenable de le semer?

Jacques. Nous le semons dans l'orge ou l'avoine, mais de préférence dans l'orge.

Le maître. Mais vous avez sans doute une raison pour agir ainsi?

Jacques. C'est parce qu'il y vient mieux. Et puis, lorsqu'il est semé dans l'orge, il donne souvent une bonne récolte dérobée.

Le maître. Ce que tu me dis là est très-bien; mais cela ne m'explique pas la cause de cette préférence. Que faut-il à une plante pour que sa croissance se fasse favorablement?

Georges. Il lui faut de l'air, de la lumière et de la chaleur.

Le maître. Où rencontrons-nous le mieux ces conditions-là? Est-ce dans des plantes élevées, très-rapprochées et qui mûrissent tardivement, ou bien dans celles qui s'élèvent peu et dont la maturité est hâtive?

Jacques. C'est parmi ces dernières; et comme

l'orge y est comprise, c'est pour cela qu'on peut y semer le trèfle avec avantage.

Le maître. Et après l'orge, on devra choisir l'avoine, surtout dans des terrains où elle n'est pas très-serrée et où elle mûrit de bonne heure.

Joseph. Il y a cependant des personnes qui sèment le trèfle dans le seigle et dans l'épeautre.

Le maître. Je le sais très-bien ; mais ce n'est pas une raison pour que cette pratique soit bonne. Le résultat est toujours incertain : d'abord, parce que la semence est confiée à un terrain qui s'est tassé pendant l'hiver et où les mauvaises herbes ont déjà pu croître ; ensuite, parce que les jeunes plants de trèfle sont trop couverts par les hautes tiges du seigle et de l'épeautre. L'épeautre, en outre, mûrit très-tardivement. Et il arrive ceci : c'est qu'après la première pousse, les plants de trèfle n'ont pas leur contingent d'air, de lumière et de chaleur, et qu'ils périssent presque tous avant l'époque où ils doivent rester seuls maîtres du terrain.

Jacques. Ne vaudrait-il pas mieux, aussitôt que la moisson du seigle et de l'épeautre est faite, retourner la terre avec soin, la herser et y semer le trèfle ?

Le maître. Beaucoup de cultivateurs, dans ce cas, ont peur des sécheresses qui pourraient encore survenir à cette époque de l'année, ce qui empêcherait la germination de la semence. Mais ce n'est pas une raison très-péremptoire, car c'est en agriculture surtout qu'il faut à l'occasion savoir risquer quelque chose.

Jean. Mais si on voulait semer le trèfle à cette époque, quelle serait la meilleure plante qu'on pourrait employer pour le protéger?

Le maître. On pourrait semer en même temps le maïs dont la pousse est très-rapide, et qui donnerait encore en automne un bon produit comme fourrage. En réduisant la quantité de semence de maïs, on obtiendrait d'aussi bons résultats si on y joignait de la graine de navets. Outre ces deux plantes, on m'a assuré que le colza d'été était très-convenable pour protéger le trèfle, et on peut d'autant mieux l'employer, que, si l'automne est beau, on obtiendra encore un produit très-satisfaisant de graines obéagineuses.

Jacques. Il y a beaucoup de gens chez nous qui sèment le trèfle dans des champs maigres et épuisés. Est-ce que cette méthode n'est pas désavantageuse?

Le maître. Il y a malheureusement beaucoup de cultivateurs qui ne peuvent pas faire autrement, parce qu'ils n'ont pas suffisamment de fumier à leur disposition; et ils sont réduits, malgré eux peut-être, à se contenter de petites récoltes. Mais il faut, autant que possible, amener le trèfle sur un bon terrain et qui ait été fumé récemment. C'est le seul moyen d'obtenir des récoltes abondantes; et on y trouve encore l'avantage de laisser le sol dans un bon état, ce qui est très-profitable pour la récolte qui doit venir après.

Jacques. Quand mon père veut avoir un bon champ de trèfle, il a soin de ne pas semer dru le grain qui doit l'abriter plus tard.

Le maître. Ton père a raison, et vous devez voir

tous que sa méthode se rapporte tout à fait aux principes que je viens de vous développer.

Jean. Mon père a déjà semé du trèfle en automne dans un champ de seigle destiné à être coupé en vert au printemps. Après la coupe de la céréale, nous avons eu un champ de trèfle magnifique.

Le maître. Pour procéder ainsi, il faut que le sol soit convenablement préparé et bien fumé. Dans ces conditions-là, la méthode est bonne, car le seigle, pendant l'hiver, sert de couverture au trèfle et garantit les jeunes plants de la gelée.

Jean. Regardez donc là-bas, cet homme qui répand du plâtre sur son trèfle.

Jacques. Oui; et il s'y prend assez maladroitement, car le vent transporte son plâtre en poudre sur les champs voisins, tandis que le sien n'en reçoit pour ainsi dire pas.

Georges. Il aurait dû, pour faire cette opération, choisir un moment où il n'y eût pas eu de vent, car il perd la partie la plus légère, par conséquent la plus fine de son plâtre; et c'est celle-là qui a le plus d'efficacité.

Le maître. Ta réflexion me prouve que tu as très-bien compris ce que je vous ai enseigné sur la plus ou moins grande valeur de la farine d'os. Il en est de même, en effet, du plâtre. Plus la poussière en est fine, plus elle est soluble par l'eau et plus est grande la facilité qu'elle a à arriver aux racines des plantes. Mais pourrez-vous me dire pourquoi l'action du plâtre sur le trèfle est si favorable?

Philippe. C'est parce qu'il sert d'engrais.

Le maître. Sans doute, c'est parce qu'il sert d'engrais. Mais il ne suffit pas de connaître l'effet, il faut pouvoir se rendre compte de la cause. Ne vous rappelez-vous plus quelle est la composition du plâtre?

Jacques. Il se compose de chaux et d'acide sulfurique.

Le maître. Ces deux substances sont contenues aussi dans le trèfle, mais elles se volatilisent avec une très-grande facilité, en sorte qu'il faut que le sol en fournisse de nouveau à la plante; et comme il n'en contient pas toujours en quantité suffisante, on a recours au plâtre. Sur les bons terrains, le plâtre produit encore un autre effet : vous rappelez-vous pourquoi on en répand sur les fumiers?

Jean. Parce qu'il absorbe l'ammoniac et l'empêche ainsi de se perdre.

Le maître. Quelle est la combinaison qui en résulte?

Jacques. Il en résulte du sulfate d'ammoniaque qui, n'étant pas volatil, reste dans le fumier.

Le maître. Eh bien, le plâtre agit de même sur les terrains bien fumés, il fait obstacle à la volatilisation de l'ammoniaque. Voulez-vous me dire aussi dans quelles circonstances le plâtre est sans action?

Jean. Nous en avons eu un exemple chez nous l'année dernière. Mon père a semé du plâtre sur un champ maigre, et il n'a obtenu aucun résultat.

Le maître. Rappelez-vous ce que je vous ai dit dans nos leçons antérieures; et si vous n'avez pas oublié qu'une plante ne peut se développer favorablement que lorsqu'elle trouve en quantité suffisante dans le sol tous les éléments nécessaires à sa nutrition, vous comprendrez facilement pourquoi le plâtre semé par le père de Jean sur son champ, n'a pas produit de bons résultats.

Joseph. Cela n'est pas difficile à expliquer. Le plâtre ne peut fournir que deux éléments de nutrition, et comme le sol ne pouvait donner les autres, la plante a dû nécessairement souffrir.

Le maître. Peut-on encore employer le plâtre sur d'autres plantes que le trèfle?

Jacques. Oui; notamment sur les vesces, le colza et les navets.

Le maître. On peut même dire qu'il produira généralement d'excellents effets sur la plupart des plantes ensemencées sur un sol qui ne contient pas de chaux, car le plâtre, dans ces conditions, fournit aux plantes un élément dont elles ont toutes plus ou moins besoin. Dans certains cas, on fera bien aussi de remplacer le chaulage par le plâtre.

Jean. Pourquoi ne répand-on d'habitude le plâtre qu'au printemps, alors que le trèfle a déjà une certaine croissance?

Le maître. C'est parce que, autrefois, on croyait que le plâtre agissait sur la plante même comme stimulant. Mais on a reconnu depuis qu'on pouvait le répandre avec succès sur le sol en hiver. Et cela est facile à expliquer. Pour opérer la dissolution du plâtre, il faut de l'eau; or, si le plâtre a été semé sur la terre avant la fin de l'hiver, à l'époque du dégel, sa dissolution aura lieu et sa substance s'incorporera au sol. D'où il résulte qu'il serait plus avantageux de le répandre sur la neige, plutôt que d'attendre le printemps, saison où on voit souvent régner des sécheresses assez longues.

Georges. J'ai entendu dire qu'en nourrissant le bétail avec du trèfle sur lequel on a répandu du plâtre, on exposait les animaux à la météorisation.

Le maître. C'est encore là une de ces absurdités comme on en répand malheureusement trop. On ne peut en aucune façon attribuer au plâtre les cas de météorisation qui peuvent se présenter. Ces accidents sont généralement dus à ce que le fourrage est trop succulent et à l'avidité avec laquelle les animaux le mangent quand on n'a pas soin de les rationner.

Tout en s'entretenant ainsi, le maître et les élèves étaient arrivés aux premières maisons du village. Ils se quittèrent tous, le maître ajournant ses jeunes auditeurs à une prochaine promenade, et les élèves remerciant leur professeur de la leçon instructive qu'il venait de leur donner et se promettant bien de la mettre à profit dans l'occasion.

DIXIÈME PROMENADE.

Le maître ayant appris qu'on était en train de pratiquer un chaulage en grand sur une propriété des environs, y conduisit ses élèves afin de leur faire voir cette opération. Lorsqu'ils furent arrivés sur le terrain où se faisaient les travaux, le maître les invita à regarder, et leur demanda ensuite ce qu'ils remarquaient.

Jacques. Je vois qu'on charrie de la chaux vive et qu'on la met en petits tas sur la terre.

Philippe. Un peu plus loin j'aperçois des ouvriers qui recouvrent de terre chacun de ces tas de chaux.

Jean. Plus loin encore, il me semble que les ouvriers sont occupés à défaire d'autres tas qu'ils répandent sur le sol ; mais ces tas ont dû séjourner là depuis quelque temps déjà, car la terre qui se trouve à la partie supérieure paraît être desséchée.

Le maître. Et quel est le but de cette opération que vous voyez faire?

Joseph. On veut engraisser le sol au moyen de la chaux vive.

Le maître. La chaux est donc un engrais?

Jacques. Certainement; mais ses propriétés ne sont pas les mêmes que celle du fumier : elle agit tout différemment.

Le maître. Je serais très-curieux de savoir si vous vous rappelez encore la différence qui existe entre la chaux et le fumier, considérés sous le rapport de leur valeur comme engrais.

Jean. Au moyen du chaulage on ne donne au sol que de la chaux, tandis que le fumier contient tous les éléments de nourriture nécessaires aux plantes.

Joseph. Ce que tu dis là n'est pas parfaitement juste, car il y a souvent d'autres substances mélangées avec la chaux ; on y trouve notamment de l'acide phosphorique.

Jean. Je sais cela tout aussi bien que toi; mais la présence de ces substances dont tu parles n'est qu'accidentelle, et ce n'est pas pour elles qu'on a recours au chaulage.

Jacques. Le chaulage est surtout favorable dans les terrains qui ne contiennent pas de chaux.

Le maître. Cela est très-vrai ; mais il ne faut pas en conclure qu'il soit inutile sur des terrains calcaires. Il peut au contraire y produire d'excellents effets. Pouvez-vous m'en dire la raison ?

Georges. C'est parce que la chaux vive dissout certains éléments du sol sur lesquels l'eau n'a pas une action assez efficace, et qu'elle leur permet ainsi d'arriver jusqu'aux racines des plantes.

Le maître. Dites-moi pourquoi on dépose d'abord la chaux vive en petits tas qu'on recouvre de terre.

Jacques. C'est pour que sa nouvelle combinaison avec l'eau ne se fasse qu'insensiblement et qu'elle se réduise parfaitement en poudre avant qu'on l'épande sur le sol.

Le maître. Tu as parfaitement répondu ; c'est en effet la réduction de la chaux en poudre la plus fine possible qui est ici le point important, et regardez toujours comme une chose très-essentielle de ne répandre la chaux vive que lorsqu'elle est tout à fait réduite en poussière.

Georges. Voici de grands tas de terre de l'autre côté du champ. Dans quel but les a-t-on faits?

Le maître. Je savais que ces tas de terre étaient là, et c'est une des raisons qui m'ont engagé à vous amener ici, afin de provoquer vos demandes d'explications à ce sujet. Voyons, que remarquez-vous de particulier?

Philippe. Ils ont dû être formés depuis longtemps déjà, et la gelée a agi sur eux, car la terre est réduite en poussière.

Jean. C'est probablement de la marne qu'on a amenée ici pour servir d'engrais.

Le maître. Approchons-nous, afin que nous puissions l'examiner de plus près. J'ai apporté avec moi un peu d'acide hydrochlorique; prenez sur un de ces tas un peu de terre et nous l'expérimenterons.

Un des élèves prit une petite quantité de cette terre et la mit dant un verre où le maître versa quelques gouttes d'acide hydrochlorique.

Jacques. Voyez comme ce mélange écume et petille.

Jean. Cela indique que cette terre est calcaire.

Le maître. Oui ; c'est ainsi qu'on peut reconnaître si une terre contient des éléments calcaires; et comme nous avons vu tout à l'heure combien le chaulage est utile dans les terrains qui ne contiennent pas ces éléments, on peut ainsi s'expliquer combien est bienfaisante l'action du marnage. Prenez maintenant un peu de la terre de ce champ sur lequel repose la marne.

Les élèves mirent dans le verre quelques parcelles du terrain naturel et les mouillèrent avec quelques gouttes d'acide hydrochlorique ; mais il ne se produisit aucune effervescence dans le mélange.

Jean. Il n'y a pas de chaux dans ce terrain.

Le maître. Vous voyez alors que le propriétaire a eu raison d'y amener de la marne, car il fournit à son champ une substance qui lui manquait.

Jacques. Mais pourquoi n'a-t-il pas pris de la chaux vive ?

Philippe. Cela est facile à comprendre. Il trouve de la marne sur ses propres terres; elle ne lui coûte pas autre chose que l'extraction et le charroi, qu'il peut faire en hiver, lorsque les travaux urgents ont cessé et que ses attelages se reposent, tandis que s'il employait la chaux, il faudrait qu'il l'achetât.

Le maître. Ceci est très-exact ; mais remarquez en outre que la marne contient très-souvent d'autres éléments fort importants pour la nutrition des plantes. Ces éléments, nous ne pouvons les découvrir à l'aide de l'acide hydrochlorique, mais leur présence se manifeste suffisamment par la propriété d'efflorescence que possède la marne sous l'action de l'air. C'est cette propriété qui sert à distinguer la marne véritable, d'une terre calcaire ordinaire. Une marne de bonne qualité contient ordinairement de l'acide phosphorique, dont l'action salutaire sur la croissance des plantes est appréciée depuis quelque temps, du plâtre, du sel de cuisine, de la potasse, de la soude, etc.

Jean. Mais tout cela y est sans doute contenu en si petite quantité, qu'il n'y a pas d'effet sensible à en attendre.

Le maître. Oui ; mais qui empêche de remédier à cet inconvénient en employant la marne en plus grande quantité. Le prix de revient est si peu élevé, qu'on peut facilement recourir à ce moyen.

Jean. Oui, c'est vrai ; car il est évident alors que le sol recevra d'autant plus de ces éléments, qu'on lui aura donné plus de marne.

Joseph. Ne peut-on pas généralement découvrir d'une manière facile dans quelle proportion ces autres éléments se trouvent dans la marne ?

Le maître. Non, la chose ne nous est pas très-facile ; mais pour des chimistes il n'y a pas la moindre difficulté. Quand donc on a trouvé de la marne, il faut la faire examiner par un chimiste ;

et alors, quand on reconnaîtra bien les éléments qu'on y rencontre, on sera en mesure d'apprécier à quels terrains et à quelles plantes elle convient le mieux.

Jacques. Il faut que nous fassions des recherches sur le territoire de notre commune pour voir si nous y rencontrerons une bonne marne.

Georges. C'est une excellente idée, il faut la mettre à exécution.

Le maître. C'est très-bien; faites cela, mes enfants; je vous y engage. Et voici à ce sujet quelques indications : vous trouverez souvent des dépôts de marne où ont séjourné autrefois des eaux stagnantes; vous en rencontrerez encore dans les vallées, où elle a été charriée par l'eau dans des temps antérieurs. Vous trouverez aussi quelquefois ce qu'on nomme la pierre de marne, qui est beaucoup plus dure que la marne ordinaire, mais qui subit tout aussi bien l'efflorescence. Les découvertes de terrains marneux seront de véritables mines d'or pour les communes dont le sol ne contient pas de chaux.

Joseph. Si je trouvais un gisement de marne, je n'aurais plus besoin de fumer, et je vendrais mon bétail.

Jean. Eh bien, tu ferais-là quelque chose de beau! Est-ce que la marne peut donner à la terre toutes les substances que contient le fumier? Et puis, elle ne peut pas ameublir convenablement le sol.

Joseph. Tiens, c'est vrai, je n'y songeais pas. Cependant, il me semble qu'on pourrait économiser un peu le fumier, de façon à le répartir sur un plus grand nombre de champs.

Jean. Ah! quant à cela, c'est bien possible.

Le maître. Vous venez de toucher là à un point qui a été cause de bien des mécomptes. Dans le principe, lorsqu'on reconnut la puissance de la marne comme engrais, il y eut beaucoup de cultivateurs qui firent ainsi que Joseph disait qu'il ferait. Ils crurent pouvoir se passer de fumier, vendirent leur bétail et se bornèrent à fumer leurs terres avec de la marne. Au début, alors que les champs pouvaient encore fournir les autres éléments nutritifs des plantes, tout alla bien; mais lorsque ces éléments furent épuisés, la marne resta sans effet. Les cultivateurs reconnurent tardivement la faute qu'ils avaient commise. Leurs champs avaient perdu leur fertilité, et il y eut là de grands préjudices. La marne alors tomba en discrédit, et on prétendit qu'elle épuisait les terres. C'était bien à tort cependant, car ce n'était pas la marne qui était en défaut, mais bien l'intelligence de ceux qui l'avaient employée. On reconnut plus tard que le marnage n'excluait pas l'emploi du fumier d'étable et que la combinaison raisonnée de ces deux procédés pouvait être très-profitable. Ce mode de procéder est accepté comme règle aujourd'hui, et celui qui s'y conformera fera mentir le proverbe qui dit que la marne enrichit les pères et ruine les enfants.

Jacques. Si nous trouvions de la marne dans quelque terrain, nous saurions bien maintenant l'employer convenablement.

Jean. Et quant à moi, maître, j'ai bien compris ce que vous venez de nous dire, et je ne me sens plus disposé à laisser de côté le fumier et à vendre mon bétail.

ONZIÈME PROMENADE.

Dans le courant de l'été, à l'époque où les grains étaient déjà rentrés, nos écoliers, accompagnés de leur maître, firent une nouvelle excursion dans la campagne. Les champs de navets avaient une très-belle apparence et les betteraves étaient en pleine croissance.

Jacques. Voyez donc comme ces betteraves sont bien plus belles sur ce terrain que sur ceux qui l'avoisinent.

Le maître. Ce champ est à moi ; et pour que vous ne soyez pas tentés de m'accuser de sorcellerie, je vais vous dire tout de suite le moyen que j'ai employé. Après le repiquage, j'ai répandu de la farine d'os sur le terrain. Dans cette partie-ci vous pouvez remarquer que les plantes sont un peu plus fortes que dans l'autre : cela provient de ce que j'y ai mis l'engrais contre chaque pied de betterave avant le sarclage, tandis que sur le reste du champ je l'ai jeté à la volée.

Jean. Pourquoi donc la farine d'os exerce-t-elle un effet si favorable sur le développement des betteraves?

Georges. C'est probablement parce qu'elles réclament une plus grande quantité de phosphate de chaux.

Le maître. Tu as parfaitement raison; elles en ont effectivement besoin, et en assez grande quantité. Chaque pied, à la vérité, pris isolément, n'en consomme pas beaucoup, mais l'ensemble de la plantation n'exige pas moins que le champ en soit abondamment pourvu.

Jacques. Nous avons cependant déjà obtenu chez nous de très-belles récoltes de betteraves sans avoir employé la farine d'os; nous nous contentions d'arroser la plante avec du purin.

Le maître. Tiens, regarde là-bas : voilà des cultivateurs qui sont occupés à faire ce que vous faites chez vous. Cette manière de procéder n'est pas mauvaise, tant s'en faut. Mais il s'agit de savoir si l'on ne ferait pas mieux de mélanger un peu de farine d'os au purin, ou bien de n'arroser avec du purin qu'après avoir préalablement jeté de la farine d'os sur le champ. Je n'ai pas encore essayé ce procédé et je ne puis, en conséquence, vous en parler par expérience; mais si nous considérons qu'un mélange de guano et de farine d'os a une action beaucoup plus puissante que chacune de ces substances employées isolément ; si nous nous rappelons, d'un autre côté, que le guano peut parfaitement se remplacer par du purin, il n'est guère possible de douter qu'on n'obtienne d'excellents résultats de l'emploi combiné de la farine d'os et du purin dans les conditions que je viens de vous indiquer.

Jean. Quel dommage que la farine d'os soit si chère! Pour s'en procurer, il faut dépenser beaucoup d'argent, comme pour le guano, et sans être bien certain d'en tirer véritablement un profit : c'est là du moins ce que j'ai toujours entendu dire à mon père.

Le maître. A première vue et pour qui ne veut pas se donner la peine de bien compter, ton père peut paraître avoir raison ; et ce qui engage souvent à penser ainsi, c'est que, généralement, on n'a pas été accoutumé jusqu'ici à donner des sommes rondes pour l'achat des engrais. Mais si l'on voulait faire attention, au cas qui nous occupe, qu'on peut obtenir, en procédant ainsi que je viens de vous le dire, une récolte de betteraves plus grande d'un tiers que celle que donnera le meilleur champ, on changerait bientôt d'avis. En effet, on tirerait ainsi d'un champ d'un hectare le produit d'un champ d'un hectare et demi. Si l'on calcule alors l'intérêt du prix d'achat de ce demi-hectare, on se convaincra facilement que la dépense que l'on fait pour acheter la farine d'os est moindre; et encore on laisse de côté, dans ce compte, l'accroissement des frais de culture, qui, appliqués à un hectare et demi au lieu d'un hectare, augmentent évidemment d'un tiers.

Jean. Eh bien, tout calculé, je m'aperçois que l'emploi de la farine d'os, comme moyen d'amélioration, présente des avantages considérables.

Le maître. Oui ; mais ces résultats favorables ne s'obtiendront, bien entendu, que dans le cas où le champ aura été traité de manière à donner la plus grande somme possible de produits.

Joseph. Est-ce que la farine d'os peut s'employer avantageusement pour les navets?

Le maître. On prétend qu'elle leur est encore plus favorable qu'aux betteraves.

Jacques. Tiens, je vais le dire à mon père; il aura encore le temps d'essayer cette année-ci.

Le maître. Tu feras bien de l'engager à faire cet essai, et tu peux l'assurer qu'il n'y perdra rien. En Angleterre, où toutes les espèces de turneps sont très-cultivées, on emploie surtout la farine d'os comme engrais, et l'on s'y trouve très-bien des produits qu'on en obtient.

Philippe. Mais ne se sert-on que de la farine d'os pour produire de beaux navets?

Jean. Quand nous avons semé des navets sur un champ, nous l'arrosons avec du purin.

Georges. Je ne crois pas que ce procédé soit très-bon ; le purin doit détruire la semence.

Jean. Tu te trompes; elle lève très-bien, au contraire.

Le maître. Jean a raison, et à l'appui de ce qu'il dit, je vais vous montrer un champ qu'un de nos voisins, d'après les conseils que je lui ai donnés, a traité ainsi.

Les élèves se rendirent près de ce champ, et ils

purent, en effet, admirer la magnificence de sa végétation.

Jacques. C'est bien dommage qu'on n'y ait pas d'abord jeté de la farine d'os; je suis certain qu'il serait encore plus beau.

Le maître. Cela est hors de doute. On serait arrivé, j'en suis convaincu, à faire rendre au champ un tiers de produits en plus, et ce résultat aurait grandement compensé l'argent dépensé pour l'achat de la farine d'os.

Jean. Pour faire le compte des dépenses d'une culture, doit-on y comprendre l'intérêt du prix d'acquisition du champ, quand on en est propriétaire?

Jacques. Très-certainement. A t'entendre faire cette question, on dirait vraiment que tu as oublié tes leçons d'arithmétique.

Le maître. Sans doute on doit tout compter! et cependant il y a beaucoup de cultivateurs propriétaires qui négligent ce point. Cette manière de faire est absurde, et il en résulte bien souvent des déficits qu'on ne sait à quoi attribuer. Prenez donc pour règle, en toute circonstance, de faire un compte exact de toutes vos dépenses, lorsque vous entreprendrez quelque chose. Jamais vous n'aurez à le regretter, ainsi que font tant de gens, fort honorables du reste, qui ont l'habitude de marcher en aveugles dans toutes leurs opérations. — Tout en marchant, nous voici arrivés devant ce champ de tabac près duquel je vous ai amenés avec intention. Vous pouvez remarquer le magnifique développement de la plante; et cependant le terrain n'a pas reçu de fumier d'étable, il n'a été engraissé qu'avec du guano.

Jacques. Comment a-t-on fait?

Le maître. Je vais vous l'expliquer à l'instant; mais je vous demanderai auparavant si vous vous rappelez encore quels sont les principaux éléments qui forment la composition du guano.

Jean. Le guano contient, en premier lieu, beaucoup d'ammoniaque, et c'est ce qui lui donne la mauvaise odeur qu'il répand; il renferme, en second lieu, une assez grande quantité de phosphate de chaux.

Joseph. Est-ce que l'ammoniaque ne s'échappe pas facilement du guano?

Georges. Certainement; on s'en aperçoit bien à l'odeur.

Le maître. Il en est malheureusement ainsi. Lorsque le guano arrive du Pérou en Europe, il a déjà perdu une certaine partie des qualités qu'il doit à l'ammoniaque. Dans le principe, on ne faisait pas attention à cet inconvénient; mais, depuis, on s'en est aperçu, et l'on a cherché à empêcher ou du moins à amoindrir la déperdition de cette substance en opérant le mélange du guano, après l'avoir acheté, avec de la terre ou du plâtre. Quand ce mélange est fait, on le laisse reposer pendant un certain temps, afin que toutes les parties s'unissent bien intimement. De cet amalgame il résulte alors la formation de nouvelles substances.

Jean. Je comprends; c'est absolument le même effet que celui qui se produit lorsqu'on jette du plâtre sur un fumier. Il se forme du sulfate d'ammoniaque, qui n'est pas exposé à se volatiliser.

Jacques. Quelles précautions doit-on prendre pour bien opérer ce mélange?

Le maître. Je vais vous montrer cela tout à l'heure quand nous passerons devant la grange du fermier Michel. Il a reçu hier plusieurs quintaux de guano, et dans ce moment-ci on doit être occupé à le préparer.

Nos promeneurs n'étaient pas très-éloignés du village ; ils hâtèrent le pas et y arrivèrent bientôt. Ils se dirigèrent aussitôt vers la maison de Michel et entrèrent dans la grange.

Plusieurs ouvriers étaient occupés à battre le guano avec des fléaux, afin de le réduire en poudre. Après quelques instants, ils cessèrent le battage et passèrent la poudre dans des tamis pour en séparer la partie la plus fine. Le résidu fut de nouveau battu et tamisé à plusieurs reprises jusqu'à ce qu'il ne restât plus que les petites pierres que le guano contient toujours. Quand ces opérations successives furent terminées, on prit un quintal de plâtre et deux quintaux de terre pour chaque quintal de guano pulvérisé. On étendit d'abord une couche de plâtre sur l'aire de la grange, puis on mit au-dessus une couche de terre et ensuite une couche de guano, et on fit ainsi, dans le même ordre, jusqu'à ce que les diverses matières fussent accumulées en un seul tas. On opéra ensuite le mélange d'une manière plus parfaite en remuant le tas avec des pelles. Puis, afin que la combinaison de la terre et du plâtre avec le guano pût se faire tranquillement, on mit le tout dans un coin de la grange. Les élèves purent remarquer que les ouvriers, dans toutes ces opérations, avaient recouvert leur nez et leur bouche avec un mouchoir, afin de n'être pas incommodés par la poussière du guano.

Georges. Pourquoi met-on dans des sacs les pierres qu'on a retirées du guano après le battage et le tamisage ?

Le maître. On va placer ces sacs dans la grande cuvelle que vous voyez là ; on la remplira d'eau, et l'on pourra ainsi faire d'excellents arrosements.

Jean. Pourquoi laisse-t-on dans la grange le guano ainsi mélangé ?

Jacques. Voilà une belle question que tu fais là ! Ne sais-tu qu'il ne faut pas exposer le guano à recevoir de l'eau ?

Jean. Et pourquoi cela ?

Jacques. Parce que l'ammoniaque et toutes les parties solubles seraient lessivées et qu'il ne resterait plus que la terre ordinaire.

Le maître. Jacques a raison. Mais ce n'est pas seulement le lavage qu'il faut éviter dans ce cas, il faut encore empêcher l'évaporation qui se produirait dans le guano, malgré son mélange avec le plâtre et la terre. C'est pour cette raison que lorsqu'on dépose le guano sur les champs, en petits amas, il ne faut le faire que très-peu de temps avant les sarclages ; autrement, il perdrait une très-grande partie de sa puissance. Et c'est ainsi que beaucoup de cultivateurs se plaignent souvent d'avoir reçu de la mauvaise marchandise, tandis qu'ils ne devraient s'en prendre qu'à eux-mêmes de sa défectuosité.

Georges. Comment le propriétaire du champ de tabac que nous avons examiné tout à l'heure a-t-il employé le guano ?

Le maître. Je vais vous indiquer son procédé, qui peut du reste servir pour la culture d'autres plantes. L'année dernière, après la moisson, il a semé sur son champ des vesces qu'il a enfouies, avant l'hiver, au moyen d'un labour. Et savez-vous pourquoi il a fait cela?

Georges. C'était pour ameublir son terrain.

Jacques. Il produisait ainsi un des effets du fumier d'étable.

Le maître. Précisément. Au printemps, il donna un labour profond, puis, après, un autre plus superficiel, mais fait avec beaucoup de soin. Alors il fit un premier sarclage sans mettre d'engrais. Ce n'est qu'immédiatement avant le second qu'il donna à chaque pied de tabac environ une bonne cuillerée de guano mélangé ainsi que nous venons de le voir, et il ramena ensuite la terre vers le plant. Voilà tout son procédé; vous voyez qu'il est bien simple.

Georges. Mais la réussite est-elle bien certaine quand il survient une longue sécheresse?

Le maître. En pareil cas, il faut avoir soin d'arroser convenablement la plante avec de l'eau pure; le purin n'est pas nécessaire alors. On pourrait faire mieux encore en dissolvant tout d'abord le guano dans l'eau; car, sous cette forme, on le ferait parvenir plus facilement jusqu'à la plante. Mais comme cette méthode n'est pas praticable dans la grande culture, il faut se borner à recourir aux simples arrosements. — Mais il se fait tard, mes enfants, et je suis sûr qu'on vous attend déjà chez vous pour souper; nous allons donc nous séparer. Tout en vous disant bonsoir, je n'ai qu'une chose à vous recommander: c'est de ne rien oublier de notre entretien d'aujourd'hui.

DOUZIÈME PROMENADE.

La saison rigoureuse approchait; toutes les récoltes étaient rentrées et emmagasinées, et le cultivateur était occupé dans les champs aux labours d'hiver. Par une belle après-dînée, le maître et les élèves résolurent de faire une dernière excursion. Étant sortis du village, ils passèrent près d'une prairie qu'on était en train d'irriguer.

Le maître. Pouvez-vous me dire pourquoi on irrigue ce pré dans ce moment? Est-ce que l'herbe, à cette époque de l'année, a besoin d'humidité?

Jacques. Nous nous rappelons bien encore ce que vous nous avez enseigné à ce sujet. L'irrigation dans ce cas-ci n'a pas pour but d'humecter la terre, mais de l'engraisser.

Le maître. Comment cela peut-il se faire, puisque cette eau est claire et limpide?

Jean. Oui, elle est claire et limpide en apparence; mais elle n'est réellement pas pure, car elle tient en dissolution des substances que l'on peut reconnaître en les faisant précipiter par des moyens chimiques.

Le maître. L'un de vous peut-il me citer une de ces substances qu'on peut reconnaître dans l'eau claire, en supposant qu'elle en renferme quelqu'une ?

Georges. Oui, je citerai la chaux qui apparaît sous forme de précipité blanc quand on verse dans l'eau de l'oxalate de potasse.

Le maître. La réponse est parfaite et elle me prouve que tu as bien profité de nos études sur la chimie. Alors tu pourras bien me dire aussi comment la chaux dont nous parlons est arrivée dans l'eau.

Georges. C'est au moyen de la dissolution que l'acide carbonique opère sur cette substance. L'eau contient toujours une certaine quantité de cet acide, soit qu'elle l'ait pris dans la terre, soit qu'elle l'ait puisé dans l'air. Mais la dissolution de la chaux n'a lieu par l'eau que lorsqu'elle renferme une quantité d'acide double de celle qui s'y trouve ordinairement. Dans ce cas alors, si elle rencontre de la chaux dans son parcours, elle s'en empare et elle l'entraîne. Et de la même manière elle absorbe et entraîne aussi d'autres substances, si elle en trouve.

Le maître. Mais comment se fait-il que l'eau, en séjournant sur les prairies, dépose ces substances?

Jean. Lorsque l'eau est répandue superficiellement sur les prairies, il s'en évapore une grande partie, et les substances que cette partie tenait en dissolution restent sur le sol et l'engraissent.

Le maître. Mais qu'arrive-t-il lorsque l'eau séjourne pendant un temps assez long sur les prairies?

Jean. Alors les substances qu'elle a déposées sont en grande partie de nouveau dissoutes et entraînées.

Le maître. Quelle règle doit-on tirer de là ?

Jean. Que l'on ne doit laisser séjourner l'eau que très-peu de temps, quelques jours au plus, sur la même place et qu'on doit se hâter de remettre la prairie à sec.

Le maître. Vous vous rappellerez alors que, lorsqu'on veut irriguer une prairie, il faut non-seulement se préoccuper d'y amener l'eau, mais qu'il faut veiller encore à ce que cette eau puisse trouver un écoulement facile.

Jacques. Il me semble qu'il vaut toujours mieux, quand on peut, faire les irrigations avec de l'eau trouble.

Le maître. Cela est parfaitement vrai, surtout si l'eau vient de contrées fertiles, d'où elle entraîne nécessairement des substances fertilisantes. Mais en vous parlant des propriétés de cette eau limpide, j'ai voulu vous faire voir l'erreur dans laquelle tombent souvent beaucoup de cultivateurs qui sont persuadés que l'eau claire ne contient aucune substance fertilisante.

Georges. Mais comment peut-on voir si l'eau claire contient des parties fertilisantes?

Le maître. En l'analysant par des procédés chimiques, ce que l'on devrait toujours faire quand on établit des prairies, car alors on pourrait reconnaître, selon les divers éléments de l'eau dont on peut disposer, comment on peut l'employer le plus utilement. Si l'eau est tout à fait pure, ou si elle ne contient que peu de matières fertilisantes, on ne peut l'employer que pour humecter le sol, à moins que la pluie ne l'ait rendue trouble, car on perdrait inutilement son temps et ses peines à vouloir se servir d'une eau pure et claire comme engrais. Une eau claire, mais riche en matières fertilisantes, peut toujours, au contraire, être employée, et elle agira toujours.

Jean. Pourquoi choisit-on préférablement l'arrière-saison pour irriguer?

Le maître. D'abord, parce que le refroidissement du sol qui résulte de l'irrigation ne peut pas nuire au gazon qui est sans vitalité à cette époque, et ensuite, parce que les feuilles des arbres qui bordent les cours d'eau sont tombées alors et qu'elles fournissent toujours à l'eau quelques substances organiques. — Mais je remarque dans la prairie qui est devant nous un défaut capital. Pourriez-vous me l'indiquer?

Jacques. Je vois que sur certaines parties il n'y a pas de fossés et que sur d'autres ceux qui existent ne sont pas nettoyés.

Le maître. Très-bien ; mais quel inconvénient en résulte-t-il?

Jean. Il en résulte que l'eau ne peut pas s'étendre rapidement d'une manière uniforme et que, par conséquent, elle dépose très-inégalement ses parties fertilisantes, en sorte que les points les plus éloignés finissent bien peu à peu par recevoir de l'eau, mais sont complétement privés d'engrais.

Le maître. C'est ainsi que beaucoup de cultivateurs se plaignent que les irrigations ne servent à rien, et, quand on examine la chose de près, on voit qu'ils ne doivent en reporter la faute que sur eux-mêmes.

Philippe. Est-il vrai que l'on ne doit pas irriguer au printemps?

Le maître. D'une manière générale, cela est vrai; car lorsque le soleil commence à échauffer le sol, l'herbe pousse ses premiers jets. Si pendant cette opération de la plante on amène sur le sol, l'eau, encore froide alors, il en résultera un refroidissement qui troublera la jeune pousse et la mettra souvent dans un état tel, qu'elle aura beaucoup de peine à se rétablir et qu'on ne trouvera qu'une pauvre et maigre récolte au moment de la fenaison.

Non loin de la prairie, un paysan était occupé à labourer son champ pour l'hiver, et, pour avoir fini plus vite, il prenait des sillons très-profonds et très-larges.

Le maître. Dans quel but fait-on dans cette saison des labours si profonds?

Jacques. Pour que la terre puisse être bien pénétrée par la gelée.

Jean. Et pour que la gelée en disjoigne les plus petites parties, qui toutes seront ainsi soumises à l'influence de l'air.

Le maître. Mais alors est-ce qu'il faut prendre les sillons si larges?

Philippe. Il me semble que non; car plus les sillons sont étroits, plus la gelée peut pénétrer la terre.

Georges. On ne doit pas non plus renverser autant les sillons; il est préférable de les laisser droits, car alors l'air et la gelée peuvent pénétrer des deux côtés à la fois.

Le maître. Comment feriez-vous sur les pentes des montagnes, où beaucoup de gens ne veulent pas faire de labours profonds, afin d'éviter le lavage?

Jean. Nous avons longtemps partagé cette erreur, mais ensuite nous avons été convaincus du contraire. Maintenant, nous labourons profondément sur les pentes, et, depuis que nous faisons ainsi, le lavage a cessé.

Le maître. Est-ce que la désagrégation de la terre n'a lieu qu'en hiver?

Jacques. Elle a lieu probablement pendant toute l'année.

Jean. Mais l'action de la gelée ne peut cependant pas se produire en été?

Le maître. Non; mais elle est remplacée par la décomposition de l'humus produit par la putréfaction des débris organiques. Savez-vous ce que cet humus attire?

Jacques. Il attire l'oxygène de l'air atmosphérique, qui, avec son carbone, forme de l'acide carbonique.

Le maître. C'est bien cela; mais en même temps il se développe encore d'autres éléments de l'humus, notamment l'ammoniac, que vous connaissez déjà, et une substance particulière que les savants nomment *acide ulmique*. Ces trois substances ont la propriété de décomposer et de rendre solubles presque tous les éléments nutritifs des plantes qui ne sont pas volatils et qui se trouvent dans le sol. Si donc, en hiver, la gelée et l'oxygène agissent sur la terre, dans la saison chaude a lieu la dissolution des parties humiques, en sorte qu'il n'y a jamais de temps d'arrêt dans la décomposition du sol. Et plus cette décomposition se fait rapidement pendant l'été, plus les plantes sont abondamment pourvues de nourriture et plus leur croissance est vigoureuse. Ceci étant bien compris, ne me direz-vous point comment on peut favoriser cette croissance?

Jean. En labourant et en hersant.

Le maître. Sont-ce là les seuls moyens?

Jacques. Il y a encore les sarclages.

Le maître. Sans doute; car les sarclages ne sont pas seulement utiles pour la destruction des mauvaises herbes, mais ils servent encore à favoriser la décomposition du sol et la préparation des éléments nutritifs nécessaires aux végétaux.

Georges. Dans ce cas, on devrait presque continuellement sarcler les champs, même lorsqu'il n'y aurait pas de mauvaises herbes.

Le maître. Au moins devrait-on sarcler quand, à la suite de la pluie, il s'est formé sur le sol une croûte qui empêche l'accès de l'air atmosphérique, et y revenir chaque fois que le même cas se présentera.

Jacques. Cela est bien vrai, car on s'aperçoit parfaitement que la végétation prend un nouvel essor, chaque fois qu'on a fait un sarclage sur un champ.

Le maître. J'ai encore une remarque à vous faire. Vous savez que l'oxygène de l'air, combiné avec le carbone des débris organiques, forme de l'acide carbonique. Mais vous savez aussi que dans certaines circonstances l'hydrogène s'unit à l'oxygène pour former de l'eau.

Philippe. Vous nous avez fait cette expérience.

Le maître. Lorsqu'il se forme de l'acide carbonique dans les débris organiques, il y a de l'hydrogène qui devient libre ; cet hydrogène se combine avec l'oxygène, non pas par la combustion, ainsi que vous l'avez vu dans les expériences que nous avons faites, mais par une action réciproque insensible. Dans tous les cas, il se forme une certaine quantité d'eau qui, si petite qu'elle soit, profite au sol et favorise la croissance des plantes quand il y a une grande chaleur ou une grande sécheresse. Ajoutez à cela qu'une terre fraîchement remuée absorbe avec une très-grande facilité la rosée qui ne cesse jamais, même pendant les sécheresses les plus prolongées, et qui est ainsi transmise aux plantes. A quoi doit-on donc principalement veiller quand il survient des chaleurs et des sécheresses?

Jean. On doit faire en sorte qu'il se forme de l'eau dans le sol, et qu'il soit aussi accessible que possible à la rosée.

Le maître. Et comment peut-on parvenir à cela?

Jacques. En favorisant l'accès de l'air dans le sol, afin qu'il puisse y pénétrer autant de rosée et d'oxygène que possible et que l'humus puisse ainsi se décomposer plus facilement.

Le maître. Et comment peut-on obtenir ce résultat?

Georges. Par des sarclages répétés.

Philippe. Cependant, j'entends dire bien souvent que, pendant les chaleurs et par une sécheresse continue, on doit s'abstenir de sarcler, afin que le sol conserve son humidité.

Le maître. Ne comprenez-vous pas, d'après ce que je viens de vous dire, que c'est une opinion complétement fausse?

Tous. Certainement.

Le maître. Retenez donc ce que je vous ai dit, et rappelez-vous que, quelque bien fondé que soit souvent en apparence un préjugé, il doit toujours céder devant des raisons qui s'appuient sur la science et l'expérience. Moi aussi, j'ai été longtemps à regarder les sarclages comme nuisibles pendant les sécheresses; mais j'ai fini par apercevoir la vérité. Alors, par les plus fortes sécheresses, j'ai commencé à sarcler mes pommes de terre, et cela à plusieurs reprises; puis à la fin je remuais la terre entre les plants. Les paysans ne cessèrent de se moquer de moi, et cela dura jusqu'à ce qu'ils virent que ma récolte était en meilleur état que les leurs. Alors ils cessèrent de rire; mais pour ne pas donner tort au principe qu'ils avaient adopté de ne pas sarcler pendant les grandes sécheresses, ils imaginèrent toute espèce de raisons, et aucun ne m'imita.

Voilà, mes enfants, ce qui arrive toujours quand on ne connaît pas les raisons fondamentales sur lesquelles s'appuient les divers phénomènes de la nature, et lorsque, par entêtement, on veut maintenir des opinions erronées. J'espère que vous ne ferez point ainsi, que vous vous efforcerez toujours d'aller à la recherche de la véritable raison des choses, et que vous ne vous laisserez pas entraîner par de mauvais préjugés. Vous serez à l'abri des erreurs si vous savez tirer parti des leçons que vous avez reçues. Quand vous aurez quelque doute, venez me trouver, et nous examinerons attentivement la question. J'aurai toujours de bons conseils à vous donner, et, avec le zèle que vous avez, et l'expérience que vous acquerrez, vous réussirez, j'en suis certain, et vous pouvez être assurés que je le désire de tout cœur.

Jacques. Nous en avons la conviction; aussi chercherons-nous plus tard à vous prouver que ces leçons que vous nous avez données et dont nous vous sommes reconnaissants, n'ont pas été infructueuses.

Tous remercièrent leur maître et lui serrèrent affectueusement la main.

Heureux de ce modeste témoignage de reconnaissance de ses élèves, le maître les ramena au village, et ils se séparèrent.

FIN.

TABLE DES MATIÈRES.

FIN DE LA TABLE.

DU MÊME ÉDITEUR :

BIBLIOTHÈQUE MORALE ET AMUSANTE (nouvelle). Chaque vol. d'environ 120 p. in-12, orné d'un sujet gravé, couverture illustrée.

1. **Simples historiettes** pour l'enfance; par Mlle V. NOTTRET, maîtresse de Pension.
2. **Angéline et Françoise**; par LA MÊME.
3. **Récompense du Travail**; par LA MÊME.
4. **Les Contes du Jeudi**; par LA MÊME.
5. **Mon Prix de Sagesse**; par LA MÊME.
6. **Marie**; par LA MÊME.
7. **Julie**; par LA MÊME.
8. **Blanche et Noémie**, par HUBERT LEBON.
9. **Dinah**; par la marquise DE CORTANZE.
10. **Les Petits Vagabonds**; par E. STEWART.
11. **Pardon des offenses** (le); par S. FANJAC DE PEAUCELLIER.
12. **Petit roi** (le); par LA MÊME,
13. **Le jeune Louis**; par H. BENOIST.
14. **Récits maritimes**; par Madame DE GAULLE.
15. **Quelques récits**; par LA MÊME.
16. **Mathilde**; par Pauline L'OLIVIER (Mme Braquaval.)
17. **Robert l'Ostendais**, par LA MÊME.

MUSÉE MORAL ET LITTÉRAIRE DE LA FAMILLE. Collection économique d'ouvrages nouveaux et intéressants, publiés dans le format grand in-8, papier fort. — Chaque vol. est orné d'un sujet gravé et élégamment broché.

1. **La Chaumière de Haut-Castel**; par E. BENOIT.
2. **Le Village des Alchimistes**; traduit par A. D'AVELINE.
3. **Clémence** ou Dieu veille sur l'orpheline; par H. VAN LOOY.
4. **Les Périls de Paul Percival**; par DE COURSON.
5. **La Ferme d'El-Barbi**; par Arm. DE SOLIGNAC.
6. **Les Baguettes du petit tambour**; trad. par A. D'AVELINE.
7. **L'Etoile de Tunis**; par CH. RAYMOND.
8. **Au foyer de la famille**, récits et nouvelles; par THIL-LORRAIN.
9. **Sir Evrard**, chronique du temps de la première Croisade.
10. **Les Amies de Pension**, Nouv. trad. de l'anglais.
11. **Edouard Blackford**, Episode de l'Histoire d'Angleterre.
12. **Les Lances de Lynwood**, traduit de l'anglais.
13. **La croix d'Orval**; par Aymé CECYL.
14. **Fleurs de la vie de pension**; par H. VAN LOOY.

www.ingramcontent.com/pod-product-compliance
Ingram Content Group UK Ltd.
Pitfield, Milton Keynes, MK11 3LW, UK
UKHW021542260726
13993UKWH00002B/586

9 782329 309910